# PENSANDO O LEITE
## Volume III

# MANEJO

FEALQ

2022

# PENSANDO O LEITE
## VOLUME III

# MANEJO

**ORGANIZADOR**

ARTUR CHINELATO DE CAMARGO


**Fotos da capa: Fotokostic e Dragunov by Depositphotos imagebank**

Av. Centenário, 1080
13416-000. Piracicaba, SP, Brasil

Fone: 19-3417-6609
livros@fealq.org.br
www.fealq.org.br

**Dados de Catalogação na Publicação**
**DIVISÃO DE BIBLIOTECA – DIBD/ESALQ/USP**

---

Faria, Vidal Pedroso de, 1940-2020
Pensando o leite, v.3 : manejo / Vidal Pedroso de Faria (*in memoriam*). organização de Artur Chinelato de Camargo. - - Piracicaba : FEALQ, 2022.
176 p.

ISBN: 978-65-89722-07-6

1. Bovinocultura leiteira 2. Indústria leiteira 3. Leite 4. Produção leiteira 5. Pecuária leiteira 6. Manejo animal I. Camargo, A. C. de, org II. Titulo.

CDD 637.1

---

Elaborada por Maria Angela de Toledo Leme - CRB-8/3359

**ISBN: 978-65-89722-07-6**

# SUMÁRIO

PENSANDO O LEITE - VOLUME III

# ALIMENTOS E SUPLEMENTAÇÃO VOLUMOSA

# EM EQUILÍBRIO COM A NATUREZA

REVISTA BALDE BRANCO - Nº 347 - SETEMBRO DE 1993

Os ciclos da natureza são bem definidos e estabelecidos. A primavera e o verão são épocas de abundância, caracterizadas por chuvas, calor e luminosidade. Os pastos verdes e produtivos possibilitam produção de leite e ganho de peso nos bovinos, enquanto esse mesmo gado gordo e bonito pode sofrer com a falta de alimento que aparece no outono e se agrava no inverno.

Quando o ano não corre bem, a subnutrição leva ao aparecimento de miséria física e morte dos animais, o leite fica escasso e a natureza perde a sua cor. Nos anos favoráveis, o criador pode se esquecer do passado e fica satisfeito vendo o pasto relativamente verde, o gado magro, mas saudável e a quantidade de leite reduzida, mas suficiente para garantir uma produção até que razoável.

Vivendo em equilíbrio com a natureza, o fazendeiro adota uma postura de jogador, ou seja, espera para ver. Às vezes, paga caro ao pensar que a natureza estava blefando na mudança das estações. Esse posicionamento é típico de atividades extrativas, onde a natureza impõe as suas condições e o ser humano aceita viver em ciclos de pobreza e abundância, ditados por períodos bons ou ruins, que nunca podem ser previstos. Viver ao sabor da natureza é típico das populações nômades da África, dos índios que habitavam as Américas e dos extratores de leite que ficam satisfeitos por evidenciarem mais um ano de inverno ameno e chuvoso.

Nas regiões de clima inclemente, o produtor percebeu muito cedo que viver de acordo com os caprichos da natureza podia trazer consequências dramáticas não só ao gado, mas também ao homem. Quando no final do século XIX o setor leiteiro se estabeleceu como atividade econômica, entendeu-se a importância do fornecimento regular de leite para as grandes populações urbanas que surgiram em decorrência da Revolução Industrial.

Por volta de 1850 foram desenvolvidas tecnologias para a fabricação de leite condensado e em pó, visando à preservação para épocas de escassez e para as regiões incapazes de produzir, mas esse fato não ofuscou o princípio econômico do fluxo constante de caixa, da manutenção dos rebanhos produtivos o ano todo e da operacionalização dos laticínios com quantidades planejadas de matéria prima. Por esse motivo, surgiu uma atividade onde o homem, e não mais a natureza, determinava a disponibilidade de leite.

O desenvolvimento tecnológico da produção de leite foi baseado no princípio de que a vaca devia ser nutrida o ano todo, para reproduzir e, então, produzir leite. Assim, o planejamento da alimentação do rebanho deve começar na entressafra, quando os solos devem ser corrigidos visando às culturas da primavera. A necessidade de reservas forrageiras não pode ser discutida, mas se torna importante o conhecimento de que a qualidade do volumoso é o ponto crítico para o atendimento das exigências da vaca leiteira.

Dominando a natureza, o produtor pode descobrir o significado da produção estruturada, administrada e capaz de garantir resultados favoráveis. Esse é o verdadeiro significado da tecnificação do setor leiteiro que precisa evoluir, no sentido de produzir alimento volumoso suplementar em quantidade e em qualidade compatíveis com o rebanho a ser explorado.

O conhecimento tecnológico sobre a ensilagem e a fenação, técnicas antiquíssimas de preservação de alimentos, é grande e são inúmeras as informações sobre culturas forrageiras a serem colhidas na entressafra, garantindo a base do processo produtivo. O que falta na realidade é a aceitação de um princípio antigo e bem conhecido: de que a vaca deve ser alimentada o ano todo. A mudança de uma concepção estabelecida na agricultura extrativista não pode ter lugar no mundo atual.

Viver em equilíbrio com a natureza pode ter para ambientalistas que habitam as grandes cidades um apelo muito grande e um sentido quase místico. Para o produtor de leite tem significado muitas vezes de preocupação, prejuízos e uma produção irregular de leite que provoca perturbações de mercado, trazendo resultados desanimadores tanto para a sua atividade, como também para o setor leiteiro do país.

# PREVENIR É MELHOR DO QUE REMEDIAR

## REVISTA BALDE BRANCO - Nº 361 - NOVEMBRO DE 1994

Desde os primórdios da história, a seca se constitui num dos problemas mais sérios para o ser humano. No Antigo Testamento, a falta de chuvas aparece como uma das dez pragas no livro Exodus, provocando desespero, fome e dificuldades para os habitantes das cidades, do campo e para os animais herbívoros, que deixaram de produzir e morreram.

No desenvolvimento da humanidade, foram incontáveis os períodos de grandes calamidades decorrentes de secas prolongadas e imprevisíveis. A deficiência hídrica nos desertos é um fato natural, e a falta de chuva é esperada em regiões de precipitações tipicamente estacionais. Assim sendo, as sociedades que escolheram ou foram obrigadas a viver em áreas desérticas desenvolveram tecnologia, aplicaram recursos, e, hoje, podem mostrar um dos sistemas produtivos mais eficientes. Isso acontece porque, controlando e usando adequadamente a água, são capazes de aproveitar ao máximo a energia radiante e o calor dos desertos. A irrigação complementar em regiões de chuva sazonal ou escassa também criou condições para planejamento da produção e produtividade, já que os períodos de estiagem não mais comprometem os programas e as metas estabelecidas pelo fazendeiro.

Desde que o homem aprendeu a dominar a água e sua aplicação ao solo, a seca deixou de ser o fantasma que sempre assustou os agricultores que tentavam sobreviver ao capricho da instabilidade da natureza. A seca inesperada da primavera, que ocorre em grande parte do território nacional, é a que maiores transtornos traz aos pecuaristas, que não podem ou não tem condições de usar irrigação em larga escala, devido à natureza da atividade que desenvolvem nas fazendas que utilizam pastagens como base do sistema de produção. O grande problema resulta não só do fato de que as chuvas podem ser irregulares e imprevisíveis, mas também porque, nessa época os pastos atingem sua capacidade mínima, havendo, então, necessidade de uma retomada do crescimento das plantas forrageiras, para garantir a alimentação dos bovinos.

Durante o outono e inverno, as baixas temperaturas noturnas e o fotoperíodo diminuem o crescimento das plantas, e a deficiência hídrica no solo se associa para promover uma redução drástica na disponibilidade de alimento nos pastos, que são superpastejados e atingem uma situação crítica no final do inverno. A falta de chuva nos meses de agosto, setembro e outubro agrava o problema e, sem comida, as vacas diminuem a produção, emagrecem, enfraquecem e podem até morrer.

A consciência de que existe necessidade de suplementação nos rebanhos leiteiros na época desfavorável do ano é, hoje, bastante difundida e aceita. O fato pode ser facilmente comprovado pela pequena quebra no leite após a ocorrência de geadas em várias bacias leiteiras. Entretanto, a ampliação do período de estiagem ainda parece afetar, e muito, o produtor que depende do pasto e vê suas reservas de alimento se esgotando no início da primavera. A angústia, a procura desesperada por fontes de alimentos não convencionais, os gastos inesperados, a quebra de produção e a sensação de impotência poderiam se evitadas, se o conceito da suplementação fosse completado com o da previdência.

A proposta realista para quem depende do pasto consiste na programação de reservas em quantidades suficientes para atingir o início do verão, garantindo não só os meses críticos, mas também qualquer eventualidade. Se, por acaso, a natureza for pródiga e mandar chuva, o feno e a silagem podem ser guardados para o próximo ano. A cana-de-açúcar poderá ser vendida para as usinas ou destilarias, preservada no campo, se as plantas não florescerem, ou ainda, ser ensilada. Com isso, o fazendeiro terá tranquilidade e colherá resultados significativos, porque seus animais estarão sempre nutridos, saudáveis e produtivos.

Fazendas que adotam o velho e conhecido ditado de que prevenir é muito melhor do que remediar, podem revelar o significado do trabalho programado para enfrentar as surpresas do clima, que sempre afetam o homem do campo e suas vacas, que precisam de estabilidade na alimentação para produzir leite e também reproduzir.

# O PROBLEMA DA ENSILAGEM

## REVISTA BALDE BRANCO - Nº 428 - JUNHO DE 2000

O processo de conservação de plantas forrageiras através da ensilagem é tão antigo que se perde na história do desenvolvimento da humanidade. Sabe-se que na Europa esse método era utilizado em épocas remotas no aproveitamento de volumosos para a alimentação dos rebanhos bovinos nos períodos de escassez, pois o longo e rigoroso inverno não permitiria a sobrevivência dos animais. A situação encontrada nos países escandinavos ilustra a dificuldade que os desbravadores do hemisfério norte encontram para o estabelecimento de fazendas leiteiras na região, porque o período de crescimento das plantas forrageiras pode ser de somente 120 dias, de maneira que, em dois terços do ano, o gado necessita de suplementação alimentar com volumosos.

Pinturas encontradas no Egito mostraram que os habitantes daquela região utilizavam a técnica no período de 1.000 a 1.500 anos antes de Cristo, pois, como em qualquer região pecuária, a estacionalidade de produção de forragem ocorre e há a necessidade de suplementação alimentar. Não se tem ideia exata da introdução da ensilagem no Brasil, mas é bem provável que tenha sido no fim do século XIX. Uma publicação de 1913, destinada a divulgar conceitos modernos de produção, descrevia o processo, analisava suas vantagens e desvantagens e desencorajava seu uso.

Sabe-se que a ensilagem foi introduzida de maneira relativamente lenta no país e teve alguma expansão somente a partir de 1960, graças a financiamentos subsidiados para a construção de silos e aos serviços de extensão rural. Falta de equipamentos adequados, desconhecimento, conceitos distorcidos e resultados insatisfatórios contribuíram indiscutivelmente para a pequena expansão.

A má qualidade da silagem favoreceu o uso indiscriminado de capineiras, pois era comum ouvir a afirmação de fazendeiros de que os resultados conseguidos eram iguais, e, então, por que usar uma técnica mais cara e trabalhosa?

Observações de campo na época indicaram que as silagens produzidas eram realmente ruins, por uso de forragem de baixo valor nutritivo, deficiência de picagem, compactação, vedação e utilização do material ensilado. O interessante é que em algumas fazendas se tentava melhorar o alimento produzido, empregando métodos sem nenhum fundamento técnico, usados no século XIX para favorecer a conservação e, por isso, adicionava-se durante a ensilagem salmoura, leite ou soro de queijo, melaço e açúcar. A má qualidade do volumoso levou ao uso de quantidades de concentrado incompatíveis com as produções obtidas.

O conhecimento atual sobre o processo da ensilagem é muito grande e, com o aparecimento das fazendas que utilizam sistemas de confinamento, houve a oportunidade para o desenvolvimento de um mercado bastante ativo de máquinas, aditivos, inoculantes e sementes de cultivares de milho e sorgo mais adequados à produção de silagem, colocando o país numa situação de aparente avanço tecnológico. Entretanto, levantamentos recentes de campo indicaram que somente um terço dos produtores convencionais de regiões leiteiras utiliza a técnica, dando preferência à suplementação com forragem picada.

Além desse aspecto, existem evidências claras de que os conceitos fundamentais da ensilagem ainda são desconhecidos, o que pode ser ilustrado por fatos recentes observados em fazendas tradicionais. Em uma delas, a cultura do milho produziu cerca de 18 t/ha, as espiguetas não possuíam grãos, mas o cultivar plantado era atual e indicado para a ensilagem. O enchimento do silo era muito lento, a compactação malfeita, mas o produto recebia um inoculante que, segundo a opinião do pessoal da fazenda, era a última palavra em tecnologia e garantiria uma boa silagem que, na realidade, era péssima. Outro caso foi a colocação de inoculante e cama de frango para ensilar capim-elefante cortado com 250 dias de vegetação.

Existe, sem dúvida, a necessidade de retomar esforços para divulgar os velhos, mas atuais princípios da ensilagem. Pouco se comenta hoje em dia, sobre perdas de matéria seca e de valor nutritivo pela condução errada da técnica, fatores que tornam o processo antieconômico e o alimento de péssima qualidade. Deve-se esclarecer que, antes de um ajuste fino, com o uso de técnicas modernas, há a necessidade de sintonizar adequadamente o processo no cultivo da planta forrageira, enchimento, compactação e vedação do silo e, finalmente, retirada e distribuição do alimento.

Acertadamente, os serviços de extensão passaram a recomendar, na maioria das fazendas, cana-de-açúcar corrigida para suplementação, por ser mais econômica e oferecer resultados melhores que os obtidos com o uso de silagem de baixo valor nutritivo.

# O MITO DO VOLUMOSO PROTÉICO

REVISTA BALDE BRANCO - Nº 474 - ABRIL DE 2004

A importância da proteína para dietas de vacas leiteiras é reconhecida há muito tempo, pois as exigências são elevadas para possibilitar crescimento, produção de leite e reprodução. Além disso, os alimentos protéicos também são importantes sob o ponto de vista econômico, já que as fontes tradicionais disponíveis geralmente apresentam preços elevados por serem resíduos industriais de oleaginosas, que podem ser usados também na alimentação de animais monogástricos.

Pelo fato de participarem decisivamente no custo de produção de dietas para bovinos leiteiros, existe uma procura grande de volumosos protéicos, que, apresentando bom valor nutritivo, poderiam ter um papel muito importante para a viabilização da atividade de produzir leite com resultados satisfatórios. Um exemplo característico é a alfafa, considerada desde épocas remotas como a rainha das plantas forrageiras, pois, além de proteína, também possui elevado teor de minerais, vitaminas e energia, se for utilizada no ponto certo de colheita. A expansão generalizada da alfafa só não ocorre por se tratar de planta exigente para manejo, solo, água, e por ser susceptível a pragas. Pode-se afirmar que essa planta representa bem a proposta de que o ideal, nem sempre é o exequível.

Considerando a impossibilidade de uso em larga escala da alfafa, procurou-se, há 40 anos, utilizar as leguminosas tropicais para consorciação em pastagens de gramíneas, ou mesmo, isoladamente, para confecção de feno ou silagem. As análises químicas demonstravam que as plantas apresentavam condições muito favoráveis, mas o uso se mostrou difícil, por algumas características dessas plantas forrageiras, ou seja, a incapacidade de crescimento rápido para competir com as gramíneas e a produção baixa por unidade de área, impossibilitando o fornecimento de elevada quantidade de matéria seca exigida pelas vacas. Pelos motivos expostos, a soja perene, o siratro, a centrosema e outras leguminosas forrageiras tropicais deixaram de ser foco de atenção dos pesquisadores, da mídia e dos fazendeiros.

Houve também a procura de plantas protéicas arbustivas, como guandu, leucena e outras, visando baratear a dieta de bovinos. Novamente, tentativas de uso foram propostas para consorciação ou na forma de forragem conservada, mas problemas de exequibilidade em sistemas mais intensificados de produção colocaram os 'bancos de proteína' fora dos órgãos de divulgação, apesar de continuarem em uso em sistemas extrativistas.

A soja granífera foi foco de atenção há 25 anos, não só como forragem, mas também para uso na produção de suco de soja, uma proposta desprovida de fundamento científico, que promoveu prejuízos consideráveis para fazendas que utilizaram as chamadas 'vacas mecânicas'. Para uso como volumoso, foi divulgada por sua composição protéica, sendo inclusive recomendada para plantio em consorciação com milho e sorgo para enriquecimento de silagem, mas, o uso de ureia, mais fácil, barato e efetivo, revelou que não havia vantagem na proposta. Feno de soja foi produzido em fazendas e estações experimentais, e artigos mostravam composição química e possibilidade de redução no uso de concentrados protéicos, sem mencionar produção baixa de matéria seca e o fato da parte lenhosa da planta ser de baixa digestibilidade e, assim, a proposta não foi disseminada.

Surge agora na mídia, como novidade, o uso da soja granífera para produção de silagem, com o mesmo objetivo que sempre norteou a procura de volumosos forrageiros, para fornecer de dois a três quilos de matéria seca para vacas em lactação. Nos Estados Unidos, no início do século XX, mais de 80% da soja era usada para produção de forragem, feno ou silagem, de acordo com relatos históricos. Nas décadas de 1960 e 1970, vários trabalhos científicos foram publicados naquele país sobre ensilagem de soja, mas o uso generalizado não se concretizou. Os estudos mostraram que o valor energético não era alto e a produção baixa de matéria seca por área encarecia bastante a técnica de conservação. Atualmente, a soja é utilizada na forma de grãos, por se tratar de um concentrado de alto valor energético e protéico, podendo ser empregada para fornecer cerca de dois quilos de matéria seca, visando complementar volumosos de alto valor energético. Dos nutrientes requeridos pelas vacas, a energia é a mais difícil de ser atendida, por causa da quantidade e pelo fato de ser influenciada pelo consumo do alimento volumoso.

Não se deve deixar de lado a procura por volumosos protéicos, mas é necessário que as propostas sejam estudadas, considerando a informação técnica já existente sobre o assunto, e não ideias que pareçam interessantes.

# OPORTUNIDADE PARA O FENO

## REVISTA BALDE BRANCO - Nº 520 - FEVEREIRO DE 2008

A cana-de-açúcar participa cada vez mais dos programas alimentares de rebanhos leiteiros por ser um volumoso que reúne muitos atrativos e suas limitações são hoje bem conhecidas e solucionadas. Entretanto, quando a seca é muito prolongada, surgem dificuldades para a suplementação de pastagens nas propriedades onde não se fez um cálculo pessimista da possibilidade de o período de carência se estender além do previsto.

Nessas condições aparece a necessidade de utilização de volumosos inadequados como capineiras, silagens de baixa qualidade, às vezes, compradas de vizinhos; incremento na quantidade de concentrado e muita reza para que o período chuvoso volte o mais rápido possível. É fato conhecido que o alimento volumoso de boa qualidade é o fundamento da alimentação de bovinos e sua falta promove o aparecimento de inúmeros problemas como redução da produção de leite, diminuição no teor de sólidos, reprodução irregular e condição corporal desfavorável.

Outro problema relacionado com a deficiência de volumosos pode ser encontrado nas fazendas que criam bezerros em casinhas ou piquetes, que ficam na dependência do consumo de pasto. Observa-se que os animais não apresentam bom desenvolvimento, são acometidos por diarreias, doenças respiratórias e pelagem embaçada com manchas peladas, características de subnutrição. Índices de mortalidade maiores são frequentes e os resultados do uso de sêmen de touros provados para melhoria dos rebanhos são seriamente prejudicados.

Todos os problemas descritos são resultados da escassez ou do volumoso de baixa qualidade encontrado em pastos passados como consequência de consumo pequeno. O volumoso também é muito importante para a fase da vida em que o bezerro deixa de ser monogástrico e o rúmen passa a ser essencial para a nutrição.

Em situações como as descritas, o feno entraria como uma opção interessante de reserva forrageira de boa qualidade, pois pode ser armazenado por longos períodos, se for mantido protegido da umidade e utilizado como suplemento normal ou reserva estratégica. Entretanto, o alimento é pouco divulgado na mídia, raramente usado na alimentação de rebanhos leiteiros, e poucas fazendas dessecam forragens para a utilização como volumoso ou suplementação em sistemas de alimentação em confinamento.

A técnica é muito antiga, a origem do processo é remota e desconhecida, mas foi a base para o crescimento da pecuária leiteira em regiões desenvolvidas até a década de 1980. Era a principal reserva alimentar em regiões de clima frio, onde o processo de desidratação é sempre muito difícil, como nos países nórdicos. Na Inglaterra e Irlanda as temperaturas de primavera e verão são baixas e a umidade do ar é elevada. Com o desenvolvimento de sistemas de confinamento, o uso de rações completas preparadas em carretas misturadoras e, sobretudo, o desenvolvimento de máquinas melhores e mais sofisticadas para a produção e o uso da silagem, a fenação perdeu terreno e é hoje utilizada em menor intensidade naquelas regiões.

Outros fatores podem ter contribuído para que o feno deixasse de ter importância nas fazendas leiteiras. A dificuldade de confecção, por exigir trabalho programado, contínuo e intenso, monitoramento criterioso das condições climáticas e máquinas específicas dificultam a adoção da técnica. Na atualidade, com a generalização do uso de aditivos biológicos em silagens, surgiu um campo mais excitante para trabalhos dos pesquisadores, que se dedicam a estudos de fermentação com grande intensidade, abandonando a fenação.

Além disso, o fato de ter havido substituição de feno por silagem em regiões desenvolvidas, como consequência da mudança dos sistemas, considera que a ensilagem seja uma técnica de conservação mais adequada, moderna e em franca expansão. A divulgação de perdas elevadas para a fenação desfavorece o interesse pelo processo, sem levar em consideração que o problema é significativo para a alfafa, pois a queda de folhas é responsável pelos valores divulgados. Com gramíneas, as perdas são bastante reduzidas.

Não se divulga que o processo ainda é importante no mundo. O feno é considerado alimento insubstituível para a criação de bezerros, pode ser transportado para grandes distâncias e, se bem feito e armazenado, mantém valor nutritivo por longos períodos. Existe grande importação de feno pelo Japão e por outros países com limitações para produção de volumosos, transporte de longas distâncias para confinamentos em regiões desérticas dos Estados Unidos e uso estratégico para suplementar gado mantido em regiões semiáridas aqui e no exterior. Feno de boa qualidade pode mostrar resultados surpreendentes, mas é preciso tomar cuidado na distribuição para evitar perdas.

Esse volumoso não deveria ser abandonado porque existe tendência de redução em países evoluídos.

# PROBLEMAS NA PRIMAVERA

REVISTA BALDE BRANCO - Nº 565 - NOVEMBRO DE 2011

A chegada da primavera é sempre recebida com entusiasmo, alegria e otimismo nas regiões de clima muito frio, porque durante o inverno os campos permanecem cobertos de neve por longos períodos, as árvores perdem as folhas, os pássaros deixam de cantar e os dias são curtos, frios e sombrios. O aparecimento das primeiras flores, os trinados dos pássaros retornando das regiões de migração e a brotação das plantas que voltam a colocar verde na paisagem promovem mudança no humor e no modo de vida dos agricultores que se empenham em planejar a nova safra, o preparo do solo e as atividades a serem retomadas nos campos.

No entanto, às vezes, o frio se prolonga por mais tempo que o previsto, fato que promove preocupação nos fazendeiros, não pela falta de alimento para o gado, mas porque existem limites para a semeadura nos campos, considerando a possibilidade de perda por geada precoce no início do outono. Os habitantes de regiões de clima agressivo sabem, por longa tradição de enfrentamento, que trabalho programado e reservas estratégicas são fundamentais para enfrentar surpresas climáticas, porque delas depende a sobrevivência no próximo período de frio intenso e paralisação das atividades agrícolas. Por esse motivo, calculam minuciosamente as necessidades e acrescentam uma margem de segurança para garantia.

No Brasil central, o início da primavera é festejado pela mídia com apresentação de flores, novas tendências da moda para os dias mais quentes e longos, e previsões sobre chuvas muito esperadas, porque o ar quente e seco traz queimadas, desconforto e aumenta os índices de poluição nas grandes cidades. O inverno pode ser mais ou menos frio, mas sempre é seco e, por isso, a primavera é aguardada com ansiedade.

Os produtores de leite também comemoram a estação e esperam a chegada das chuvas, para iniciarem os trabalhos nos campos, mas como o prazo de semeadura é bem mais dilatado, ficam aguardando índices de saturação de água no solo compatíveis com uma semeadura segura. A possibilidade de estabelecimento de safrinhas também garante uma tranquilidade que inexiste para fazendeiros em regiões muito frias.

Além disso, esperam com ansiedade as chuvas para recuperação das pastagens, pois as temperaturas em elevação são adequadas ao crescimento vigoroso das plantas forrageiras. Entretanto, se o período seco se prolongar mais que o esperado, os pastos não desenvolvem, a reserva de alimento volumoso para o rebanho começa a ficar pequena e, por isso, os dias sem chuva são motivo de angústia e desespero. Não é incomum a compra de silagens frescas de grandes distâncias, procura por feno em regiões longínquas, compra de canaviais e de silagem pré-secada ensacada. Logicamente, os preços desses recursos forrageiros são elevados se a seca é prolongada, o que também preocupa por afetar os custos de produção.

Como o clima não é rigoroso e ameaçador para a sobrevivência do homem e dos animais, o fazendeiro do Brasil central não sente necessidade imperiosa de programar e se prevenir de invernos rigorosos. Até a década de 1980 existiam discussões sobre a necessidade e a viabilidade de reservas forrageiras e a improvisação estava presente nas medidas destinadas a evitar pelo menos a perda de peso, de produção de leite e, eventualmente, a morte de animais em casos de seca muito prolongada.

O recurso forrageiro suplementar mais difundido e utilizado era a capineira de capim-elefante passado, de baixíssimo valor nutritivo, que garantia a subsistência, mas não impedia a miséria física e uma acentuada estacionalidade na produção de leite. Máquinas para produção de silagem e feno eram escassas e existiam dúvidas sobre a economicidade da suplementação com alimentos volumosos na seca. Na realidade, a cultura da seca inevitável estava associada ao uso de animais considerados rústicos, pouco produtivos e tardios, mas capazes de sobreviver e produzir muito pouco no período da escassez.

As mudanças ocorridas desde então em muitas fazendas levaram à melhoria das vacas, a indústria nacional passou a fabricar máquinas para a produção de forragem conservada, estudos mostraram a viabilidade do uso da cana-de-açúcar, da produção de silagem com gramíneas tropicais, do emprego de híbridos de milho e sorgo para produção de silagem e a fenação se tornou viável. As fazendas passaram a considerar a suplementação na seca como indispensável, e ninguém mais questiona a sua necessidade, como era no passado.

Entretanto, falta ainda ampliar o conceito de planejamento mais detalhado e introdução de reserva estratégica para casos de prolongamento da estiagem, evitando o aperto vivido por muitos fazendeiros que viram suas reservas acabarem antes da volta das pastagens. O uso de irrigação para garantir recursos forrageiros nos pastos mais cedo na primavera, e mais prolongados no outono, é outra medida a ser considerada, e muitos produtores já usam a prática obtendo bons resultados zootécnicos e econômicos.

# PENSANDO O LEITE - VOLUME III
# GENÉTICA

# CARNE E LEITE

## REVISTA BALDE BRANCO - Nº 365 - MARÇO DE 1995

O setor leiteiro tem no mundo todo, uma grande participação no processo de produção de carne. Cerca de 223 milhões de vacas constituem o rebanho leiteiro mundial, que produz aproximadamente 90% do leite consumido pela humanidade. Com essa população de matrizes, pode-se esperar que o rebanho seja constituído por, pelo menos, 500 milhões de cabeças, ou seja, 40% do efetivo bovino mundial.

Nessa imensa população são destinados ao abate vacas de baixa produção, fêmeas velhas, inférteis e defeituosas, animais acidentados ou doentes e machos, que não tem outro destino senão o abate. Assim, o setor leiteiro cresce de importância, contribuindo também, nesse processo integrado, com uma quantidade considerável de sebo, sangue, ossos e couros, especialmente os finos, provenientes do abate de bezerros para a produção de vitelos e embutidos.

A importância da carne do rebanho leiteiro pode ser caracterizada nos Estados Unidos, maior produtor mundial, aonde acima de um quarto do total é obtido pelo abate de animais leiteiros. Também na Nova Zelândia e nos tradicionais países produtores de leite da Europa, o rebanho para leite contribui com uma parcela significativa da carne produzida, de modo que alguns com rebanhos de corte diminutos são ativos exportadores.

Desde a domesticação dos bovinos, as produções de leite e carne andam juntas, porque o homem iniciou a ordenha amansando vacas que só eram usadas para cria e abate. Na época da Revolução Industrial, surgiram as primeiras fazendas leiteiras, e os produtores escolheram no rebanho de cria as vacas de melhor aptidão, capazes de dar leite para o bezerro e para o homem. Apareceu assim o conceito de gado de duplo propósito, e foi o período em que surgiu na Europa um número imenso de raças chamadas mistas. Para se ter uma ideia da importância do gado misto, basta considerar que, na virada do século XIX para o século XX, somente 1,8% das vacas ordenhadas na Inglaterra eram de raças, hoje caracterizadas como especializadas para leite.

Com o passar do tempo, os produtores descobriram que a vaca leiteira era a única capaz de possibilitar o estabelecimento de rebanhos eficientes. Com ela, foi possível profissionalizar o setor, porque as características de persistência e a maior quantidade de leite na lactação permitiam receitas mais elevadas. Quando o criador passou a manter animais confinados em instalações específicas, usando grãos e resíduos industriais em operações mecanizadas, descobriu que somente a vaca especializada era capaz de pagar custos elevados e garantir retornos.

Com isso, o conceito de duplo propósito foi abandonado, porque ficou evidente que o rebanho leiteiro era também apto para produzir carne, mas o leite era obtido com maior eficiência e lucratividade. As fêmeas, bem nutridas, eram grandes e produziam quantidades apreciáveis de carne, mesmo com rendimento menor de carcaça, e os machos revelaram capacidade de ganho e de eficiência de conversão, podendo ser abatidos com 15 a 17 arrobas na idade de 12 a 14 meses. Se a FAO* não tivesse estabelecido programas de preservação, as inúmeras raças mistas da Europa estariam extintas.

No Brasil, infelizmente, ainda é difundido o conceito de gado misto, porque muitos insistem em manter os rebanhos leiteiros em sistemas típicos de gado de corte. Como na Europa do século XIX, ainda existe a mística do animal rústico, que sempre revela alguma cobertura muscular e adiposa, como consequência de lactações curtas e produção baixa. Com o gado misto, os retiros não conseguem ordenhar por ano mais que 60% das matrizes, e a manutenção do bezerro ao pé da vaca concorre para reduzir ainda mais o potencial da fazenda, pois cada cria consome de 400 a 600 litros de leite no período de amamentação.

Um contingente grande de machos leiteiros, que raramente consegue pagar o leite consumido, é incorporado anualmente ao rebanho, mas são tardios, devido ao crescimento retardado pela competição ao leite. As fêmeas, também tardias, produzem pouco, são pequenas e possibilitam no abate pouca carne, principalmente se tiverem algum sangue de raça especializada. Com tudo isso, o potencial do setor é muito baixo, e o gado leiteiro do país, considerado por todos, como ruim para leite e para a produção de carne.

---

* FAO - Organização das Nações Unidas para a Alimentação e a Agricultura - atua como um fórum neutro, onde todos os países, desenvolvidos e em desenvolvimento, se reúnem em igualdade para negociar acordos, debater políticas e impulsionar iniciativas estratégicas, tendo sido criada em 16 de outubro de 1945.

# AS APARÊNCIAS ENGANAM

## REVISTA BALDE BRANCO - Nº 367 - MAIO DE 1995

Há exatamente 70 anos, o professor Otávio Domingues, um dos pioneiros da zootecnia no Brasil, escreveu: *"Não mais como antigamente, hoje não se deve levar em muita conta, o exame da conformação exterior dos bovinos e dos animais domésticos em geral, para avaliar as suas qualidades zootécnicas. E tal se dá porque as formas exteriores nem sempre são o indício de uma boa fórmula hereditária. Um indivíduo externamente bem conformado nem sempre é portador de uma fórmula hereditária estável, de tal sorte que sua descendência possa apresentar a mesma curva de variação, isto é, mais ou menos as qualidades que o tornem apreciado"*.

Naquela época, quando o conhecimento científico ainda era insuficiente, já se sabia não existir correlação genética entre aparência e produção de leite. Entretanto, ainda hoje é possível encontrar pessoas que valorizam aspectos exteriores, desviando, assim, sua atenção, deixando de lado fatos de grande significância para o processo de produção de leite.

O ser humano sempre procurou encontrar métodos simples para auxiliar a tomada de decisão sobre o rebanho, porque não conseguia perceber racionalidade na interpretação dos fatos ocorridos na fazenda leiteira. Por desconhecer os complexos mecanismos da herança poligênica, não conseguia entender por qual razão uma filha de boa vaca leiteira não era, necessariamente, igual à mãe, ou porque um touro de boa linhagem, bonito e de mãe excepcional, podia gerar filhas medíocres em todos os sentidos.

Tudo isso era complexo e forçava então a procura de sinais exteriores no corpo dos animais que pudessem ser mais facilmente entendidos e interpretados. Em 1837, um criador francês ganhou notoriedade por ter supostamente descoberto um meio de distinguir facilmente as boas vacas de leite. Suas teorias foram disseminadas pelo mundo, baseando-se na análise dos escudos de pelos da região do períneo e das nádegas das fêmeas leiteiras. Como o método era exequível, outras tentativas foram feitas para identificação de bons reprodutores, através de mensurações de diferentes regiões do corpo, análise de particularidades de pelagem, formato de tetas, apalpação de diferentes partes do corpo, etc.

Na procura de indícios relevantes, o produtor foi levado a analisar a vaca também sob o ponto de vista estético, e, por gosto pessoal ou convenção, passou a selecionar animais por características relacionadas com beleza ou suposta funcionalidade. A história revela que, algumas vezes, o atributo escolhido era na realidade desfavorável, interferindo com o desempenho produtivo, como aconteceu, por exemplo, com a garupa nivelada, por muito tempo, considerada importante e, hoje, desfavorável.

Porte avantajado, que atualmente é importante para prêmios em exposições, está, de acordo com relatos científicos, associado a problemas reprodutivos, menor eficiência alimentar e maior susceptibilidade com problemas de saúde. A pelagem escura, característica das vacas 'capa-preta', pode prejudicar o desempenho das mesmas em regiões muito quentes, já que publicações técnicas tem sugerido um melhor desempenho das vacas Holandesas com maior proporção de branco na pelagem.

Estudos conduzidos para identificar atributos responsáveis pela longevidade das matrizes nos rebanhos americanos revelaram que a produção de leite na vida útil era a característica mais relacionada com a permanência longa da vaca na fazenda. Esse fato revela que o criador deve procurar no controle zootécnico a informação que necessita para avaliar realisticamente a vaca leiteira definindo a persistência de produção e a reprodução, como as duas características fortemente associadas com a participação efetiva da vaca no processo produtivo.

Na realidade, não basta somente controlar a produção, sendo necessário também analisar o potencial e a eficiência do processo produtivo, e a maneira mais simples é considerar sempre a média obtida por cada vaca do rebanho. A tradição de estimar a média das vacas em lactação dá uma ideia distorcida e irreal, criando falsas expectativas porque, muitas vezes, as aparências exteriores podem provocar grandes enganos.

# DESTAQUE PARA O TOURO

## REVISTA BALDE BRANCO - Nº 374 - DEZEMBRO DE 1995

Na sociedade humana, por em evidência uma possível supremacia do sexo masculino é, hoje, uma atitude considerada inadequada, mas por muitos anos a superioridade dos homens em todos os setores foi assunto de discussões acaloradas, contestações apaixonadas e motivo de muitas piadas consideradas de mau gosto sob o ponto de vista feminino.

Em épocas remotas, os patriarcas assumiam uma posição dominante, e as mulheres, submissas e oprimidas, não conseguiam aparecer nem exercer um papel proeminente na sociedade, apesar de contribuírem para o sustento e o bem estar da família. Por tradição, o nome dos filhos era caracterizado pelo sobrenome da linhagem paterna e, quase sempre, o materno era deixado de lado. As transformações do mundo moderno acabaram oferecendo oportunidades iguais aos indivíduos dos dois sexos e, com isso, minimizaram as desigualdades, os preconceitos e as injustiças.

Nas fazendas leiteiras do passado, também existia a imagem da maior importância do reprodutor, que invariavelmente recebia posição de destaque. O papel proeminente dos machos fez com que, no início do registro genealógico, o pai fosse colocado acima da mãe, caracterizando a chamada 'linha de cima' do pedigree. Ao avô materno cabia a responsabilidade de estabelecer a 'linha de baixo', e era também colocado acima da avó. Por tradição, as fêmeas registradas carregam como sobrenome, o nome que identifica o pai, mostrando assim a relevância que se dá à figura paterna na formação dos rebanhos. Nos leilões e nas exposições, sempre se deu ênfase ao pai e ao avô, e a formação de progênies procura colocar em evidência o reprodutor masculino. Algumas vezes, nos estábulos americanos, podem ser encontrados cartazes velhos e desbotados pelo tempo dizendo: *"neste local as vacas chegam e saem, mas o touro permanece para sempre"*, indicando a projeção que se dava ao genearca do rebanho.

O conhecimento científico acumulado caracterizou o absurdo da pretensa superioridade masculina no processo reprodutivo, mostrando que os filhos recebem metade da herança da mãe, e que não faz sentido atribuir destaque a qualquer dos pais. Apesar disso, deve-se hoje, mais que no passado, atribuir maior importância ao macho, pelo papel que poderá desempenhar no rebanho. O touro é capaz de gerar um número muito grande de descendentes durante sua vida, e mesmo depois da morte, através do sêmen congelado. As fêmeas, mesmo com superovulação e congelamento de embriões, tem sempre uma participação modesta no número de filhas geradas para o rebanho. Apesar disso, na concepção moderna, o papel relevante do macho não pode ser simplesmente atribuído ao número elevado de filhos.

O destaque, na realidade, deve ser atribuído à possibilidade do uso de touros provados em testes de progênie, que tem como objetivo avaliar a carga genética do reprodutor através do desempenho de suas filhas. Assim, fica fácil de entender a importância do macho nos programas de melhoramento genético, considerando que genes favoráveis podem ser disseminados em larga escala. Às fêmeas cabe um papel aparentemente secundário, mas de grande significado, contribuindo com genes para a formação de machos de elite. Outra dificuldade para uma participação mais decisiva da vaca reside no fato de que os programas de avaliação de mérito genético das fêmeas são menos precisos, mais difíceis de serem realizados e inexistentes no Brasil. Por outro lado, a produção de leite não é fator indicativo de que a matriz seja boa reprodutora e, por isso, ninguém ouviu, até hoje, referências sobre descendentes de vacas famosas como a Ubre Blanca (Cuba) ou a Ellen (Canadá), que assombraram o mundo com produções extraordinárias.

A proposta de se dar ênfase ao macho envolve riscos consideráveis. Os complexos mecanismos da herança da aptidão leiteira revelam que inexiste correlação entre tipo e produção, e que filhos de pais proeminentes podem ser reprodutores ruins. Se isso acontecer, só depois de quatro ou cinco anos ficará evidenciado o problema e, por isso, apenas touros provados podem ser usados intensamente. Para os outros, a técnica recomenda uso limitado e rodízio constante, pois a 'superioridade' masculina deve também ser banida dos rebanhos, quando princípios corretos forem utilizados.

# DAR IMPORTÂNCIA AO QUE NÃO MERECE

## REVISTA BALDE BRANCO - Nº 382 - AGOSTO DE 1996

É típico da natureza humana valorizar fatos e coisas que muitas vezes não tem utilidade ou significado algum para o processo produtivo. A propaganda orientada valoriza e difunde o que se pretende promover por razões estéticas, comerciais ou simplesmente ilusórias. A história da pecuária leiteira está cheia de exemplos significativos de atributos procurados nas vacas leiteiras que nunca foram considerados essenciais para a produção de leite, mesmo nos períodos de maior projeção para caracterizar o animal ideal, perfeito e desejado por todos.

Os chifres, que não tem função econômica, foram valorizados por serem considerados muito importantes para caracterização racial, provocando então estudos sobre inserção, secção, orientação, tamanho e cor. Apesar de característica recessiva, sob o ponto de vista genético, a seleção orientada para a presença do apêndice garantiu a manutenção na maioria das raças, apesar de nunca ter sido demonstrado que tivesse qualquer relação com capacidade produtiva ou com homogeneidade dos rebanhos. Apesar disso, todas as fotos antigas de campeãs de exposições, todas as descrições do tipo padrão, fotografias e pinturas de fazendas leiteiras mostravam vacas com chifres. Hoje, o apêndice é considerado prejudicial por promover lesões no ser humano e nos animais, depreciando o couro, dificultando o transporte e o uso dos cochos.

Cor e tipo de pelagem são características que já tiveram grande projeção por motivos de gosto, estética ou, simplesmente, moda. Para os americanos, a cor vermelha no Holandês foi por muito tempo considerada indesejável, fazendo com que as portadoras de genes recessivos fossem mantidas no anonimato, e os bezerros eliminados dos rebanhos. A partir da década de 1920 e durante 60 anos, houve discriminação contra animais com predominância de branco, e a preferência generalizada para as 'capa-preta', foi segundo historiadores, causada por linhagens que ganharam exposições e passaram a ditar moda.

Depois de um longo período de discussões e controvérsias aceitou-se a realidade de que nas vacas leiteiras realmente interessava o que 'estava abaixo do couro' e que a pelagem nada contribuía para a raça. Seria interessante mencionar que no início do século XX, houve grande procura e valorização das vacas Holandesas com predominância de branco, também por modismo, e que, hoje, trabalhos científicos sugerem que animais claros apresentam melhor desempenho nas regiões de calor intenso do sudoeste americano.

A valorização do que não merecia trouxe problemas para o setor leiteiro, promovendo a eliminação de animais superiores por não apresentarem o 'look' do momento. A procura de valores estéticos, de acordo com o gosto da época, pode trazer grandes prejuízos quando a característica é antagônica com alguma função produtiva, como já aconteceu no passado com algumas formas de garupa.

Atualmente, existem preocupações sobre a valorização da altura das matrizes, pois evidências experimentais sugerem que a característica está associada com problemas de saúde, menor eficiência reprodutiva e pior conversão alimentar. Na opinião de alguns técnicos, cuidados precisam ser tomados, pois os excessos certamente não trarão benefícios para as raças leiteiras. É indiscutível que beleza faz parte do processo produtivo, e que tipo também tem função econômica, pois na venda os animais bonitos são valorizados.

O reconhecimento de que aprumo, estrutura corporal e inserção de úbere podem contribuir para o manejo, mesmo não estando geneticamente correlacionados com produção de leite, é atitude racional e recomendável. Entretanto, o produtor que quer se profissionalizar precisa ampliar seu horizonte e focalizar sua atenção para coisas e fatos além da forma e do tipo, porque o fundamento da produção está centralizado na genética, na saúde, no conforto, na nutrição e, principalmente, na reprodução, que independem de época, gosto ou modismos. São conceitos capazes de elevar a eficiência e a rentabilidade da atividade leiteira, por atuarem no essencial. Infelizmente, esses princípios nem sempre recebem do setor produtivo a importância que merecem e deveriam sempre ter.

# MELHORAMENTO GENÉTICO DOS REBANHOS

## REVISTA BALDE BRANCO - Nº 411 - JANEIRO DE 1999

Em algumas análises sobre a situação do setor leiteiro, se têm falado que o leite produzido na região dos cerrados não é mais proveniente de gado branco (Nelore). Já estaria havendo melhoramento genético para a produção de leite, pelo fato de levantamentos de campo indicarem a presença de mestiços de diferentes graus de sangue. O fato é que em algumas localidades a produção diária das fazendas dobrou num período de dez anos, sem ocorrer aumento no número de vacas.

Consultas feitas aos produtores indicaram que eles consideram o melhoramento genético como o fator mais importante para alavancar a produção das fazendas. Entretanto, quando se analisa com profundidade os dados médios dessas regiões, se verifica que pouco ou nenhum progresso tem sido conseguido nos últimos anos. O rebanho continua com características típicas de gado de corte, apresentando períodos de lactação de sete a oito meses e somente 1.200 a 1.500 litros de leite por lactação. Além desses aspectos, a porcentagem de vacas em lactação continua muito baixa, indicando problemas reprodutivos em vacas de baixa persistência. A melhoria notada na produção das fazendas representa cerca de 5 litros por dia, o que não pode ser considerado como aumento de produtividade pelo pequeno incremento na produção diária das vacas. Esses fatos indicam que não está havendo progresso nos conceitos relacionados com a produção de leite, que requer nutrição correta, saúde perfeita, conforto e controle do processo produtivo, além de vacas com aptidão para produzir.

A produção de leite é uma característica difícil de ser entendida, porque apresenta baixa herdabilidade. Esse conceito geralmente não é discutido em nosso meio e, por isso, nem sempre o que se fala sobre melhoramento genético e escolha de reprodutores tem significado correto. Baixa herdabilidade significa que a produção de leite depende mais do meio, manejo correto e reprodução do que da carga genética. O conceito pode ser entendido verificando o que aconteceria se uma excelente vaca fosse colocada em um pasto degradado, onde certamente não seria capaz de produzir nem reproduzir regularmente. Nessas condições, a produção seria pequena ou até nula, se o intervalo entre partos fosse muito ampliado. Admite-se que, do progresso alcançado na produção por vaca nos países evoluídos, 70% sejam devidos ao manejo correto, associado a práticas racionais de descarte. A herança da aptidão leiteira é complexa não só por causa da baixa herdabilidade, mas também pelo fato de ser regulada por grande número de genes e apresentar variabilidade gênica, ou seja, animais de mesmo potencial produtivo apresentam cargas genéticas diferentes. Por isso, se torna difícil caracterizar as matrizes capazes de transmitir aptidão leiteira a seus descendentes, já que as boas produtoras podem não ser boas reprodutoras. Além de todos os aspectos mencionados, deve-se atentar para o fato de que o intervalo entre gerações de bovinos é longo e, assim, os efeitos do trabalho genético só podem ser notados depois de muito tempo.

Por tudo o que foi comentado, pode-se entender por que dar ênfase ao manejo e à seleção, quando se quer resultados rápidos. O descarte é a ferramenta mais efetiva, quando aplicado em rebanhos bem manejados, porque introduz o conceito de eficiência. A observação do que acontece em fazendas trabalhadas tecnicamente pode fornecer uma ideia do que esperar quando os conceitos são modificados. Por exemplo, dados reais de uma propriedade de gado mestiço mostraram que, num período de quatro anos, foi possível elevar a produção média das vacas em lactação de 1.779 para 4.031 litros. Como consequência, a produção diária, sem a compra de animais e com praticamente o mesmo número de vacas em lactação, passou de 239 para 612 litros, um incremento de 2,56 vezes. Deve-se salientar que o esforço foi dirigido para corrigir as deficiências detectadas no manejo, usando, preferencialmente, os recursos existentes.

No equacionamento dos programas técnicos para as fazendas leiteiras, o melhoramento genético deve estar sempre presente, através do uso de touros provados, porque dele resultará vacas eficientes e produtivas. Deve-se, entretanto, atribuir a ele o seu verdadeiro papel, e ter em mente que é necessário criar, antecipadamente, um ambiente favorável ao rebanho melhorado. Se estivesse ocorrendo nos cerrados, junto com as mudanças no rebanho, alterações na concepção de manejo e seleção, seria realmente possível detectar melhorias reais na produtividade das fazendas leiteiras.

# CRENDICES

## REVISTA BALDE BRANCO - Nº 419 - SETEMBRO DE 1999

Há algum tempo, um artigo foi publicado procurando demonstrar a existência de uma correlação entre a cabeça e a produção das vacas leiteiras. O texto apresentava a ideia de que os bovinos de antigamente tinham uma cabeça grandalhona, desproporcional ao tamanho do corpo e que a vaca cabeçuda produzia somente 15 a 20 kg de leite por dia. Segundo o artigo, hoje, a vaca de cabeça leve é capaz de dar 30, 40 e até 70 kg por dia, apresentando um perfil mais elegante e uma aparência geral mais bonita.

A teoria foi justificada, argumentando-se que na cabeça está a feminilidade do animal e que, portanto, se trata de uma questão hormonal. Na opinião do autor, o leite também é um produto hormonal, produzido pelo úbere, outra glândula feminina, coordenada pela hipófise, que se localiza na cabeça. A conclusão foi de que a produção de leite depende também de outras partes do corpo, mas que a cabeça é uma das mais importantes. Na realidade, não existem referências científicas sobre a seleção de vacas leiteiras pelo tamanho ou formato da cabeça, visando ao melhoramento genético para produção.

Observar corretamente, concluir de maneira errada e justificar o que acontece são fatos comuns, quando a imaginação, e não o conhecimento técnico, é empregada na análise que se tenta fazer de acontecimentos ou fatos caracterizados no universo onde o indivíduo se insere. Inúmeros exemplos podem ser citados para explicar o aparecimento de crendices, que acabam aceitas como verdades e, muitas vezes, passam de geração em geração. Assim, em algumas regiões admite-se que o 'sopão' aumenta a produção de leite, porque a água adicionada ao alimento na hora do fornecimento melhora a digestibilidade. Na realidade, o fato está associado a um manejo errado no fornecimento da água para os animais e, resolvido o problema, pode-se comprovar que na prática o conhecimento técnico também funciona.

No caso das vacas cabeçudas, deve-se mencionar que, no passado, a taxa de crescimento dos bovinos era muito lenta devido a falhas no manejo e, nessas condições, o ritmo de crescimento mais acelerado dos ossos da cabeça, que é sempre preferencial, acabava conferindo a desproporção entre o tamanho do crânio e do corpo. É verdade que no passado encontrava-se um número maior de vacas de cabeça grande, produzindo menos leite do que hoje, não pelo aspecto do animal, mas, sim, porque os sistemas de produção eram totalmente diferentes. Sabe-se que 70 a 75% da melhoria observada na produção de leite nos últimos 50 anos são atribuídos às modificações nos conceitos de nutrição, saúde e conforto oferecidos às vacas leiteiras.

Não é de hoje que o homem tenta associar características exteriores dos bovinos com a produção de leite, tentando entender um fato complexo. No início do século XIX, um produtor de leite francês ficou famoso por ter proposto um meio de, analisando o corpo do animal, escolher os melhores e mais produtivos. Essas teorias estiveram em evidência até o início do século XX, como demonstra o texto publicado com a ortografia da época no país em 1912: *"Existem ainda caracteres particulares que determinam especificadamente condições para fixação do typo e da belleza da vaca leiteira e que mais ainda acentuam a especialização: os escudos de Guénon bem como as veias e a fonte de leite que se revela por uma depressão no centro da columna vertebral, são características inherentes não só às vacas leiteiras, como também aos touros das raças reconhecidamente aptas a essa função"*. Inúmeros estudos tentando correlacionar produção de leite com mensurações de partes do corpo, particularmente da pelagem, formato das tetas e do corpo em si falharam, porque não existe correlação genética entre tipo e produção.

Algumas crendices podem ser consideradas inofensivas, porque não interferem com o processo produtivo nem prejudicam o desenvolvimento dos sistemas de produção. Um exemplo bastante característico e muito difundido no meio rural é o de cobras que aprendem a mamar nas vacas, que se acostumam e acabam gostando. Por outro lado, algumas suposições como ocorrência de abortos pelo fornecimento de mistura mineral, colocação de querosene na nuca para evitar aftosa, podem ser muito prejudiciais, criando resistência à tecnificação, direcionando os esforços para o que não traz retorno ou afetando a eficiência e a rentabilidade da produção. Por isso, cuidados devem ser tomados na divulgação de teorias sem embasamento científico, pois algumas podem trazer prejuízos reais aos produtores. Nesse final do século XX, o conhecimento científico é suficiente para garantir o planejamento correto de todas as atividades de uma fazenda produtora de leite.

# CRUZAMENTOS ENTRE RAÇAS

## REVISTA BALDE BRANCO - Nº 426 - ABRIL DE 2000

Num passado distante, o isolamento geográfico e as dificuldades de comunicação criaram condições para o desenvolvimento de populações de bovinos selecionadas pelo homem por um longo período de tempo que, devido à origem comum, passaram a apresentar características morfológicas iguais e foram denominadas raças. Muitas vezes o gado original foi cruzado com reprodutores de outras paragens, para formar um novo agrupamento com características diferentes com relação à cor, formato dos chifres, tamanho, composição do leite, etc. A preferência regional por um determinado tipo de gado levou não só ao estabelecimento de diferentes raças, como também à seleção das chamadas 'especializadas para a produção de leite'.

Desde o inicio da domesticação, os bovinos fornecem leite para o ser humano, mas, em muitas regiões, a atividade foi baseada em processo meramente extrativo, de maneira a que muitas raças permaneceram em seu estado original, isto é, não ocorreu através dos tempos, seleção nem para leite nem para carne. As raças mistas perderam o papel de destaque nos países desenvolvidos depois da Revolução Industrial, pois a migração do homem para os grandes centros urbanos da Europa criou condições para o estabelecimento das fazendas especializadas em produção de leite e de carne.

Nos países em desenvolvimento, somente no século XX, esforços passaram a ser desenvolvidos para o melhoramento genético, visando à especialização em leite de algumas raças criadas há muito tempo, sem aptidão definida. Tentativas de cruzamentos desses animais com os especializados, objetivando a formação de uma nova raça, foram realizadas em diferentes regiões, mas nenhum resultado significativo foi conseguido, e nenhuma raça criada teve difusão como a observada para as 'especializadas'.

A revolução tecnológica observada após a Segunda Guerra Mundial* levou a adoção de cruzamentos entre raças ou linhagens para todas as espécies de animais domésticos, visando obter resultados melhores em ritmo de crescimento,

* Segunda Guerra Mundial - conflito militar global que durou entre 1939 a 1945, envolvendo a maioria das nações do mundo, incluindo todas as grandes potencias, organizadas em duas alianças militares opostas: os Aliados e o Eixo formado por Alemanha, Itália e Japão.

eficiência de conversão alimentar, qualidade de carcaça, etc. Para o caso de aves, suínos, carneiros e gado de corte, as técnicas de produção passaram a depender de animais cada vez mais especializados e eficientes, o que foi conseguido com as novas tecnologias. A única exceção foi para os bovinos leiteiros, pois, a evolução se deu com o uso das raças que vinham sendo selecionadas por milhares de anos.

Uma das justificativas apresentadas para o fato foi que o desempenho das raças ao longo dos anos, possa ter conduzido a essa tendência. Experimentos sobre cruzamentos das principais raças leiteiras nas primeiras décadas do século XX mostraram algumas vantagens, mas, ficou bem caracterizado, que o uso de reprodutores provados era mais importante para a melhoria da produção do que a escolha das raças para o cruzamento. Além desses aspectos, estudos conduzidos em regiões consideradas desfavoráveis para a produção de leite, revelaram que ganhos maiores e mais rápidos poderiam ser obtidos com manejo adequado, quando comparado à tentativa de ajustar ou criar uma raça para o ambiente desfavorável.

Nas regiões em desenvolvimento, onde inúmeros problemas dificultam o uso de raças especializadas, é comum o cruzamento com animais sem aptidão definida, visando um animal rústico, pois, o vigor híbrido na primeira geração dá ao mestiço condições muito favoráveis. Essa prática pode levar à obtenção de vacas de baixa persistência e temperamento bravio, características pouco favoráveis à produção de leite, mas bastante adequadas a sistemas extrativistas. O conceito é tão generalizado, que acaba sendo adotado também em fazendas em que existe interesse em explorar o vigor híbrido de rebanhos mestiços, e o manejo é adequado para a manutenção de animais especializados.

O desconhecimento de que os cruzamentos podem ser feitos também entre raças leiteiras, visando associar características favoráveis, acaba limitando o uso de conceitos mais evoluídos. A técnica tem sido empregada em várias regiões, com diferentes objetivos, mas o exemplo mais característico é o da Nova Zelândia, onde o cruzamento do Holandês com o Jersey possibilita a exploração de um animal adequado para o uso do pasto, por apresentar maior eficiência, porte menor, casco mais adaptado, bons aprumos e leite mais rico. Os produtores adotam os mesmos conceitos empregados para a manutenção de rebanhos com sangue Zebu, ou seja, nas vacas mais 'holandesadas' colocam sêmen de Jersey e, nas outras, o sêmen de Holandês.

Assim, com um mestiço adaptado a um determinado sistema de produção, fica preservado o esforço de milhares de anos para a seleção de características que possibilitam manter especialização na produção de leite.

# BIODIVERSIDADE E AGROPECUÁRIA

## REVISTA BALDE BRANCO - Nº 430 - AGOSTO DE 2000

O mundo possui pelo menos cinco milhões de espécies diferentes de plantas, animais e microrganismos, muitos deles com grande contribuição para uma das evoluções mais importantes que aconteceu no planeta: a emergência do homem como espécie dominante. A agricultura é a principal razão desse fato. Durante os últimos 10.000 anos, em especial no século XX, os avanços observados na agricultura permitiram reduzir o número de pessoas capazes de produzir alimentos para a humanidade. Isso possibilita os jovens a escolher outras carreiras profissionais, o que resulta no aceleramento do desenvolvimento cultural e acúmulo de conhecimento, que deverão beneficiar a sociedade. Portanto, a sociedade humana sempre dependeu e irá depender do sucesso da agricultura.

A agricultura produtiva e eficiente, uma das fundações da sociedade moderna, sempre dependeu da diversidade biológica ou biodiversidade, e nas décadas e séculos futuros essa dependência será ainda maior. Ela inclui as diferentes espécies e as variações genéticas dentro de determinada espécie existente no mundo. A agricultura depende desses dois componentes da biodiversidade. Hoje, cerca de 80 espécies vegetais e 50 espécies animais são responsáveis por 90% do alimento produzido no mundo. Além dessas, centenas de outras contribuem direta e indiretamente para permitir os avanços da agricultura.

Alta variabilidade genética dentro de uma deterrminada espécie é necessária para garantir sua viabilidade em longo prazo: ela é essencial para o desenvolvimento de linhagens ou variedades que são resistentes às doenças e às pragas, para garantir aumentos de produtividade e qualidade, e permitir o surgimento de variedades que possam ser cultivadas e exploradas em diferentes solos ou regiões, tornando-as comercialmente viáveis. Devido aos avanços da biotecnologia a agricultura tem o potencial de tirar proveito da variação genética de todas as espécies existentes no mundo, e não somente daquelas tradicionalmente exploradas pelo homem. Essa possibilidade adicional será crucial para garantir a produtividade e estabilidade da agricultura e, portanto, é crucial também que a humanidade se esforce em preservar a biodiversidade.

Dentre os fatores que limitam ou decrescem a variação genética pode-se destacar três: a destruição de espécies naturais e seus 'habitats' (o maior deles), a domesticação de espécies (vegetais e animais) e, as preferências do produtor e consumidor por certas espécies. Animais domésticos importantes para a produção de alimentos, lã, fibras, couro, etc., somam mais de 50 espécies, representados por mais de 4.000 raças, segundo a FAO. Pouca importância tem sido dada à conservação da diversidade genética ou germoplasma de animais domésticos, apesar de sua importância para a sustentabilidade e estabilidade da produção animal. Sem discutir as implicações futuras da realidade que atravessa a ciência no mundo, pode-se imaginar teoricamente os inúmeros resultados benéficos para a humanidade em decorrência da transferência de genes, considerados desejáveis, de um organismo para outro (mais de 5 milhões), obtendo-se os conhecidos OGM (Organismos Geneticamente Modificados).

De fato, alguns desses resultados já são conhecidos por algum tempo, como é o caso da disponibilidade, há mais de 15 anos, da insulina humana, sintetizada por uma bactéria geneticamente modificada. Ou ainda, mais conhecida dos produtores de leite, a somatotropina bovina recombinante, também disponível há quase 20 anos e obtida da mesma maneira, pela bactéria *Escherichia coli* geneticamente modificada. Esses dois exemplos servem para ilustrar a tremenda importância dos microrganismos e sua vastíssima diversidade para a humanidade. A rápida expansão da atividade humana não pode causar a perda irreversível do capital biológico, que é a biodiversidade, pilar da sociedade em que vivemos. Esse capital, uma vez perdido, não pode ser recriado.

# PARA NÃO SER ESQUECIDO

## REVISTA BALDE BRANCO - Nº 431 - SETEMBRO DE 2000

As características qualitativas dos bovinos leiteiros, tais como, cor da pelagem, presença ou ausência de chifre, deformações congênitas, antígenos sanguíneos são determinadas, geralmente, por apenas um par de genes, enquanto as características quantitativas, aquelas que são economicamente importantes e exploradas pelo homem, são determinadas por milhares de pares de genes. Diz-se, então, que a produção de leite é um fenômeno multigênico. Qual é a relevância desse fato para o produtor? Por que ele deve sempre se lembrar dessa coisa meio complicada, mas de enorme importância para contribuir para o sucesso de sua atividade?

As primeiras, conhecidas também como características mendelianas, não são influenciadas pelo ambiente. Elas são, portanto, totalmente dependentes da carga genética ou do genótipo do animal. É do conhecimento de alguém que uma vaca mudou de cor de sua pelagem porque passou fome ou ficou doente? Diz-se, então, que a cor da pelagem tem uma herdabilidade igual a 1, isto é, 100% da cor da pelagem de um animal são determinadas pela carga genética de seus ancestrais; o ambiente não contribui para sua expressão.

As outras, as quantitativas, aquelas que são largamente exploradas economicamente pelo homem nos bovinos leiteiros - produção de leite, de gordura, de proteína e de sólidos não gordurosos - são muito influenciadas pelo ambiente e, portanto, recebem pouca contribuição da carga genética do animal. De fato, para produção de leite essa contribuição genética é de apenas 0,25 ou 25%. Sim, a herdabilidade da produção de leite é bastante baixa e igual a 0,25 ou 25%, ou seja, o meio tem uma contribuição de 0,75 ou 75% para a produção de leite: os dois, a genética e o ambiente, têm de somar 1 ou 100%. O ambiente tem peso três vezes maior do que a genética na produção de leite.

Colocado sob outro ângulo, entende-se que apenas 25% da variação em produção de leite são decorrentes de diferenças na carga genética dos animais. Pode-se também concluir desse fato, que o progresso no aumento de produção de leite de um animal é muito mais rápido quando o ambiente em que ele vive for melhorado, comparativamente ao melhoramento genético. Prova irrefutável desse importante conceito é a constatação de que nenhuma das vacas que obtiveram recordes mundiais de produção de leite teve filhas com produções tão altas quanto às suas. Por que, então, é importante o melhoramento genético? Por que há mais de 200 anos o homem faz melhoramento genético nos bovinos leiteiros?

De uma maneira muito simplista a resposta é para identificar e fixar aqueles genes 'bons' para a produção de leite. Lembrando que eles são milhares, pode-se também entender a lentidão do progresso genético, que se tornou mais rápido com o advento da inseminação artificial e, mais recentemente, com a transferência de embriões. Se o ambiente é tão importante para a produção de leite, há a necessidade de defini-lo e, mais ainda, de qualificá-lo. A maneira mais simples de fazê-lo é pensarmos o que pode afetar a produção de leite excluindo a carga genética ou o genótipo do animal: alimentação, manejo, doenças, ecto e endoparasitas, tipo de instalações, radiação solar, temperatura, ventos, umidade e mais alguns outros fatores. Desses todos enumerados, os mais importantes são alimentação e manejo, comprovação que vem sendo mostrada há dezenas de anos pela pesquisa e por produtores. Diante disso, o produtor deve sempre melhorar as condições de ambiente de seu rebanho para que o potencial genético de seus animais possa se expressar em sua plenitude. O ambiente ideal para o rebanho deve ser então, aquele em que a alimentação e o manejo são corretos, doenças e parasitas são erradicados ou controlados, instalações são adequadas para garantir conforto aos animais e onde a ação direta dos fatores ou dos componentes climáticos é minimizada.

Se todas essas medidas não forem adotadas, o produtor terá de se resignar e criar animais que sejam resistentes ao ambiente que não foi modificado por ele. Isto significa, animais que sejam resistentes à fome, às condições inadequadas de manejo, às ameaças por doenças e parasitos e que ainda por cima, têm de produzir uns 2.000 litros por lactação.

# COMPRA DE ILUSÕES

## REVISTA BALDE BRANCO - Nº 462 - ABRIL DE 2003

Atualmente as técnicas de promoção para estimular a venda de produtos são encaradas com seriedade no mundo empresarial, pois campanhas bem feitas são capazes de mudar conceitos, tradições e, sobretudo, induzir o indivíduo a acreditar que o produto adquirido tem muito mais qualidades do que realmente possui. Devido à sua força e ao seu poder de persuasão, campanhas enganosas são capazes de iludir e prejudicar os consumidores e, por isso, foram criados órgãos para fiscalizar, regular e normatizar a publicidade.

É fato reconhecido que a venda de ilusões é sempre mais fácil de ser realizada quando a população a ser atingida possui pouco ou nenhum conhecimento do assunto promovido, pois, nessas condições, fatos, poderes ou resultados milagrosos são aceitos e desejados pelos compradores. Por outro lado, não ocorrendo o esperado, a divulgação da falsa expectativa exerce um efeito contrário e, com isso, o sucesso da campanha sempre tem efeito num prazo curto de tempo, mas suficientemente longo para promover prejuízos ou danos aos consumidores.

Por esse motivo, muitas vezes propostas similares, mas fundamentadas e corretas, podem não ser aceitas e muitos fatos importantes deixam de acontecer na vida das pessoas, simplesmente porque os marqueteiros foram capazes de vender no passado, com grande eficiência e poder de divulgação, algum tipo de ilusão.

Analisando o que tem acontecido no setor leiteiro nos últimos 30 anos, é possível caracterizar uma série proposições oferecidas aos produtores que não tinham nenhum fundamento técnico, porque o meio está sempre receptivo, à procura de algum milagre que possa solucionar as dificuldades, melhorar a produção ou modificar o panorama geral da fazenda.

Exemplos podem ser citados nos mais diferentes campos, sendo muito característicos os acontecidos com plantas forrageiras, suplementos alimentares, etc. Mas é com relação às raças que se encontra com muita frequência, o aparecimento de novas e revolucionárias teorias e propostas para elevar o valor dos animais de determinados rebanhos, visando à obtenção de lucro sem haver um fundamento científico que possa justificar o 'marketing'. A história se repete ao longo dos anos, e o fato de inúmeras modas terem saído do mercado parece não servir de alerta para um novo modelo lançado como surpreendente.

Na época da criação de raças leiteiras por meio de cruzamentos orientados, se falava em melhoramento genético de animais adaptados ao meio tropical, então considerado limitante para a produção de leite. A escolha de uma raça com pelagem sólida e cor atraente favorecia a fixação de características exteriores num animal cruzado, bonito, mas que não apresentava o efeito do melhoramento genético, já que em algumas gerações, por meio de seleção massal, não se consegue tal feito.

Apesar disso, a valorização do rebanho era garantida por propaganda e leilões, em que os preços eram altos e, assim, muitos fazendeiros passaram a criar animais que, com o decorrer do tempo e sem nenhuma justificativa aos que acreditaram na proposta, foram eliminados dos locais onde tiveram origem. Houve uma época em que vacas Holandesas malhadas de vermelho eram promovidas como mais bem adaptadas ao clima tropical e, por isso, muito valorizadas. Como se trata de uma característica exterior, determinada por um gene recessivo, a tendência é haver um número mais reduzido de animais na população, o que ajudava a diminuir a oferta.

Com a conscientização da importância do uso de reprodutores provados, desapareceu a separação de linhagens devido à cor da pelagem, o que foi muito bom para a raça, mas não para quem investiu em uma ilusão. A venda de sêmen de touros nacionais por serem adaptados ao clima tropical foi outra proposta sem justificativa, que levou muita gente a pagar mais caro pela inseminação com linhagens fortemente negativas para leite, mas muito boas para tipo. A eliminação de características de baixa persistência em fazendas que compram a ideia é difícil e muitos rebanhos deixaram de ter fama de qualidade por uso de conceitos sem embasamento técnico.

Com a disseminação da proposta de colocar matrizes da raça Holandesa para produzir leite no pasto, surge agora na mídia, a notícia de que, brevemente, haverá comércio de 'genética leiteira' em fazendas que promovem melhoramento através do cruzamento com raças europeias e zebuínas, visando obter, em poucas gerações, vacas Holandesas adaptadas ao pasto, vendendo assim mais uma ilusão aos que provavelmente vão pagar caro para tentar solucionar um problema que se repete no tempo, comprando, na realidade, mais uma justificativa para a desilusão com a atividade leiteira.

# MÉRITOS DO GRANDE CAMPEÃO

## REVISTA BALDE BRANCO - Nº 478 - AGOSTO DE 2004

As exposições de gado leiteiro existem desde o século XIX, com o objetivo de congregar produtores, possibilitar intercâmbio de ideias, opiniões e experiências, divulgar e promover raças, principalmente, as que estão sendo introduzidas. Em 1808, na Escócia, já existiam exposições regionais da raça Ayrshire e, de acordo com relatos históricos, criadores norte-americanos organizaram um evento em 1894 para promover animais que ainda eram relativamente desconhecidos naquele país.

O interessante é que a proposta de exposições nacionais, destinadas a estabelecer e uniformizar os padrões raciais entre criadores de várias regiões foi posta em prática numa época em que locomoção de pessoas e animais era difícil. A primeira exposição nacional de gado Holandês dos Estados Unidos foi realizada em 1893 em Chicago, enquanto a primeira National Dairy Show aconteceu em 1906.

Desde sempre, se sabia que os encontros regulares ofereciam rara oportunidade para que os criadores pudessem exibir os representantes selecionados dos seus rebanhos, algo que, sem dúvida, era em instrumento valioso de propaganda para comercialização, por revelar publicamente, com um julgamento isento, as qualidades dos reprodutores de sua criação. De início, era dada ênfase para tipo e características raciais, como cor da pelagem, formato de chifres, em detrimento de indicadores de capacidade produtiva.

Nessa fase, grande destaque era atribuído às características exteriores, sem nenhum significado para o mérito do animal, como presença de 'escudos' na região do períneo, olhos, formatos da orelha, veias mamárias, caudas, etc. Tais marcas, de acordo com especialistas em genética, contribuíram para retardar o desenvolvimento de raças para a produção eficiente de leite. Um exemplo foi o preconceito, nos EUA, contra a cor vermelha em animais com maior porcentagem de branco na raça Holandesa, que existiu até 1969, quando as características exteriores deixaram de ter valor e, com isso, as inspeções detalhadas do tipo perderam importância e significado.

A comparação de fotografias de animais premiados em exposições nas décadas iniciais do século XX, com as da atualidade pode revelar mudanças nos conceitos dos padrões raciais, pois indicadores de beleza variam com o tempo. Entretanto, as grandes diferenças dizem respeito à introdução, com o decorrer dos anos, de conceitos científicos para avaliação dos animais, associando aspectos exteriores com a capacidade produtiva. Assim, inserção de úbere, aprumos, fortaleza, ângulo de cascos e de garupa passaram a ser mais importante do que indicadores de beleza, de padrão, que podem mudar de acordo com as convenções estabelecidas pelas associações.

O reconhecimento da importância das exposições continua em todo mundo, com características diferentes daquelas atribuídas há 100 anos ou mais, mas obedecendo ao mesmo princípio de divulgação, promoção, competição e comercialização.

Apesar de toda evolução tecnológica, existem no Brasil, conceitos que precisam ser reavaliados, principalmente, para as raças que estão em processo de expansão ou de estruturação, porque a supervalorização de animais premiados em exposições, sem a consciência real de seu significado, leva a enganos que prejudicam a evolução da raça. Uma vaca de tipo excelente, que ganha o principal prêmio da exposição e é boa produtora, pode não ser uma boa reprodutora, ou seja, pode não transmitir a seus descendentes os méritos que possui.

Se não existe estimativa do mérito genético, a matriz campeã pode não revelar qualidades para um programa de coleta de embriões. Esse fato pode ser facilmente comprovado examinando-se, na relação de matrizes selecionadas como mães de touros, nos países evoluídos, quantas foram premiadas em exposições, pois a escolha é baseada em critérios técnicos.

O fato preocupante quanto à utilização incorreta do resultado das exposições brasileiras diz respeito aos grandes campeões utilizados para coleta de sêmen, pois um touro pode difundir em larga escala características genéticas desfavoráveis, se não for submetido ao teste de progênie. Como não existe correlação genética entre tipo e produção, e sendo a herdabilidade da produção de leite relativamente baixa, não existe a possibilidade de se estimar pelos aspectos externos, o mérito genético dos reprodutores. Ser um grande campeão não garante a touros de países desenvolvidos o privilégio de fazer parte de catálogos de sêmen comercializado, fato que só ocorre quando o teste de progênie indica, independentemente do simples julgamento da aparência, se o animal é capaz de melhorar os rebanhos em termos de tipo e produção.

# PREPARANDO O FUTURO

## REVISTA BALDE BRANCO - Nº 498 - ABRIL DE 2006

O pagamento por sólidos introduziu um fato novo e desconhecido para o setor produtivo, que não tinha consciência muito clara de que a composição do leite pode sofrer alterações, muitas vezes, significativas. Teor de gordura e crioscopia eram termos conhecidos, mas proteínas, extratos não gordurosos e sólidos totais passaram a ser incorporados à avaliação do leite.

No período em que o leite tipo B teve destaque, inúmeros casos de leite com composição anormal ocorreram, como consequência de dietas desbalanceadas, uso inadequado de concentrados, utilização de capineiras passadas para alimentação de vacas de maior produção, deficiências por aplicação incorreta de conceitos de fornecimento de minerais e estresse provocado por manejo inadequado.

O fato resultou em perda de cotas em cooperativas e fazendas, e com frequência, decorrentes de problemas por teores baixos de gordura, acidez fora dos padrões e crioscopia por queda no teor de sólidos totais, em épocas de deficiência na disponibilidade de forragens.

O problema ainda ocorre por deficiências sérias no manejo de vacas leiteiras, pois consultas continuam a ser feitas a técnicos, instituições de pesquisa e universidades. Um estudo realizado sobre composição do leite de rebanhos paranaenses, publicado há alguns anos, indicou que cerca de 36% das amostras de várias regiões analisadas apresentavam menos que 12,1% de sólidos totais, um valor muito baixo, caracterizando leite anormal e indesejável para a indústria.

A composição de sólidos é muito importante, pois maior quantidade de água no leite afeta o custo do transporte e também o rendimento industrial. Uma diminuição de somente 0,3% em sólidos significa perda de aproximadamente três toneladas de leite em pó no processamento de um milhão de litros. O fato pode também ser bem caracterizado no rendimento para fabricação de queijos.

Para evitar surpresa pelo aparecimento de leite com composição fora dos padrões esperados, existe a necessidade de alimentação balanceada, conforto e sanidade. Se houver mudanças bruscas ou erros no manejo, podem ocorrer alterações na composição, e os efeitos aparecem em curto prazo. O uso de raças selecionadas desde sua origem para teores mais elevados de sólidos é uma estratégia de obtenção de resultados permanentes, mas, isoladamente, a genética não promoverá milagre, pois alterações no manejo podem resultar em problemas na produção e composição do leite, mesmo com vacas de raças melhoradas.

Os cruzamentos são outra alternativa bastante difundida para longo prazo, visando à utilização dos rebanhos existentes para o aumento nos sólidos do leite, mas o benefício maior do cruzamento é, sem dúvida, o vigor híbrido, que aparece com intensidade quando as linhagens genéticas são bem distantes, resultando em melhorias na reprodução, resistência, produção e desenvolvimento. O efeito do vigor híbrido é temporário, pois na volta de uma das raças, somente cerca de 67% desse efeito será detectado na segunda geração.

O uso de cruzamentos rotacionados com três raças, pouco utilizado no país, é uma das ferramentas para a manutenção de 85% do vigor híbrido, se forem utilizados touros puros das raças envolvidas. Os incrementos a serem esperados nas características melhoradas variam de 5 a 10%, e, por isso, o uso de raças com mérito genético inferior sempre traz resultados insatisfatórios. Torna-se então, imperativo, que as raças envolvidas nos cruzamentos tenham mérito genético para produzir mestiços com a capacidade de contribuir para o sucesso da atividade, na forma de produção e composição do leite.

Na escolha das raças para cruzamento, é também importante a procura de qualidades complementares, como no cruzamento de raças pequenas apresentando leite rico em sólidos, com raças grandes, nas quais outras características favoráveis poderão ser resultantes como facilidade de parto, cascos mais fortes, e porte menor, se for desejável. Se o tamanho da vaca for importante, duas raças grandes e complementares poderão ser usadas.

As raças vermelhas da Escandinávia têm sido apontadas como uma boa opção para cruzamentos, porque, além de sólidos e produção, vem sofrendo um processo reconhecido de melhoramento genético em características importantes como fertilidade e resistência a enfermidades. A região possui um programa conjunto de trabalho, e os resultados relatados de cruzamentos são bons, principalmente como opção para rotativos usando três raças.

Ações cujos resultados são colhidos em longo prazo devem ser cuidadosamente planejadas, pois decepções são difíceis de serem superadas. O conhecimento técnico existente pode fornecer sugestões para tomada de decisão com relação a cruzamentos, visando à elevação nos teores de sólidos. Touros provados também para produção, úbere, fortaleza, pés e pernas são tão importantes como a raça, em qualquer estratégia escolhida para preparar o rebanho futuro, tendo em vista a produção de leite para atender às exigências do mercado.

# EVITANDO A CONSANGUINIDADE

## REVISTA BALDE BRANCO - Nº 505 - NOVEMBRO DE 2006

A consanguinidade foi muito comum num passado distante, quando conceitos de sangue nobre eram cultivados por humanos e criadores de bovinos que tentavam fixar características desejáveis para a formação de novas raças. Consequências desfavoráveis apareceram e medidas foram tomadas para eliminar os problemas decorrentes do acasalamento de parentes próximos, de modo a evitar defeitos congênitos, redução de fertilidade, taxas reduzidas de nascimentos, grande mortalidade de recém-nascidos, crescimento lento, perda de vigor e de resistência a enfermidades.

A evolução do conhecimento científico, desmitificando o mito do sangue azul e da pureza racial com base na simples observação dos ancestrais, fez com que houvesse aceitação de casamento de nobres com plebeus e conotação diferente sobre a importância da pureza em animais domésticos.

A revisão dos conceitos foi necessária para a preservação de alguns bovinos que apresentam populações pequenas, restritas a regiões geográficas específicas, como acontece nos países escandinavos. O choque de sangue com raças diferentes permitiu não só a preservação, como também a melhoria de agrupamentos raciais que, certamente, desapareceriam como consequência da perda de vigor - também chamada de depressão consanguínea - que resulta em perdas econômicas significativas.

A utilização em larga escala de sêmen de alguns touros provados de elevado mérito genético, em épocas recentes, promoveu melhoria dos rebanhos leiteiros, mas estudos mostraram que nas principais raças leiteiras o coeficiente de consanguinidade apresentava níveis ainda toleráveis, mas com tendência de crescimento.

Entretanto, considerando novilhas Holandesas nascidas em 2004, o valor estimado era alto, fato que chama a atenção, pois a recomendação técnica é de que os números não ultrapassem um limite crítico para evitar o aparecimento dos efeitos deletérios mencionados, que podem surgir, por exemplo, pelo cruzamento de um reprodutor com a filha de um meio irmão.

Existe tal preocupação porque se estima que os touros 'Arlinda Chief' e 'Elevation' considerados pilares para a formação do rebanho Holandês americano, são responsáveis por cerca de 30% da composição genética. Os mesmos animais também contribuíram com intensidade para a formação de rebanhos da raça em outros países.

Estimativas dos efeitos desfavoráveis revelaram que ocorrerão perdas em várias características de valor econômico, como idade no primeiro parto, produção na primeira lactação, dias de vida útil, produção de leite na vida útil e produção de gordura e proteína na vida útil. Esses fatos indicam redução nos índices reprodutivos, sendo considerado um dos problemas mais importantes para a economia de produção de leite.

Cálculos de perdas econômicas totais na vida útil de vacas com coeficientes de consanguinidade altos nos Estados Unidos seriam de aproximadamente US$ 150.00* por animal, que podem ter impacto muito significativo nos grandes rebanhos. O problema é real e deve ser considerado como um entrave para fazendas que procuram melhorias na eficiência, visando resultados econômicos.

A consanguinidade só pode ser evitada se o pedigree da vaca a ser inseminada for conhecido em detalhes, como acontece com gado registrado, e se análises forem realizadas por programas de computador específicos para a indicação de acasalamentos. Sem o auxílio dessas ferramentas, se torna difícil, pois, o efeito aparecerá com a existência de ancestrais comuns em três ou mais gerações anteriores.

Levando em conta o fato de que mais de um ancestral comum contribuirá para agravar o problema, são consideradas as informações de quatro ou cinco gerações para evitar a elevação do grau de consanguinidade no rebanho. O auxílio de programas de computador para controlar esse aspecto possibilitará a escolha de touros de elevado mérito genético ajustados para o acasalamento, fato importante para manter e melhorar a qualidade do rebanho.

A percepção de perdas de fertilidade, resistência e dinheiro com gado não

* Dólar em 01.11.2006 cotado a R$ 2,1410.

registrado tem levado produtores de regiões desenvolvidas a utilizarem cruzamentos entre raças leiteiras diferentes para evitar os efeitos desfavoráveis da consanguinidade, devido à falta de informações sobre o pedigree. Para tanto, são utilizados sêmen de touros também provados, de elevado mérito genético, pois, só assim, aparecerão vantagens. O resultado tem sido significativo, porque o vigor híbrido promove efeitos diametralmente opostos daqueles caracterizados pela consanguinidade.

# IMPORTÂNCIA DE RAÇAS DESCONHECIDAS

## REVISTA BALDE BRANCO - Nº 512 - JUNHO DE 2007

O desenvolvimento de raças leiteiras ocorreu em diferentes regiões, como consequência de condições geográficas peculiares e combinação de fatores relacionados com seleção natural e humana. No início da domesticação, o homem não teria se importado com a aparência ou habilidade do animal em produzir. Os acasalamentos aconteciam ao acaso, mas ao longo do tempo, se passou a selecionar reprodutores apresentando características favoráveis que chamavam atenção, surgindo então rebanhos mais uniformes sob o ponto de vista estético e funcional, que deram origem aos agrupamentos raciais.

Raça é uma subdivisão da espécie, com animais revelando características típicas que os distinguem de outros, transmissíveis à maioria dos descendentes quando acasalados entre si. Devido à complexidade do mecanismo genético, alguns indivíduos podem não revelar a aparência da maioria e são descartados. Isolamento geográfico, condições edafo-climáticas, migrações e cruzamentos de animais de diferentes origens foram fatores fundamentais para o estabelecimento de inúmeras raças leiteiras pelo mundo.

Existiu também influência dos ancestrais, pois o grupo dos Taurinos apresenta diferentes espécies que deram origem a várias raças. As leiteiras indianas apresentam cupim, orelhas longas e o mugido peculiar. As europeias são originárias de subespécies que deram origem a raças apresentando indivíduos de tamanho e perfil distintos, como nas raças Holandesa e Jersey. A primeira é de porte grande, fronte larga e reta, chanfro ligeiramente arqueado com chifres pequenos tendendo para frente e para dentro. Na raça Jersey, de porte pequeno, a cabeça é mais larga e curta, fronte côncava, órbitas salientes e chifres pequenos, finos e dirigidos para frente, revelando ancestrais de origens diferentes.

Cruzamentos entre raças são viáveis e misturas aleatórias ou não, no passado, deram origem a outros grupamentos depois de seleção para fixação de características escolhidas, principalmente, as que podiam ser entendidas pelo simples cruzamento, como coloração e tipo de pelagem.

Os movimentos migratórios e a facilidade de comunicação entre regiões difundiram as raças para fora de seus locais de origem. Existe, hoje, a predominância da raça Holandesa como consequência da capacidade produtiva, adaptação e, sobretudo, intensidade de melhoramento genético por longo período de tempo, o que confere às vacas boa produção de leite. Outras europeias como Jersey, Pardo-Suiço, Ayrshire e Guernsey e várias consideradas de duplo propósito foram levadas por imigrantes para o Novo Mundo e Oceania, mas somente as quatro mencionadas tiveram expressão com o correr do tempo.

Entretanto, um número muito grande de outros agrupamentos é encontrado como consequência de preferências culturais, desenvolvimento regional, etc. Por exemplo, na Índia, onde as condições de manejo são deficientes, as raças Sahiwal e Sindhi predominam como leiteiras e são largamente usadas em cruzamentos, como acontece também na Austrália e Nova Zelândia, mas são desconhecidas no Brasil, onde se utiliza mestiços de raças europeias com zebuínos em larga escala.

Na Europa, o número de raças leiteiras pouco conhecidas é muito grande, várias delas vem sendo melhoradas geneticamente e apresentam boa aptidão leiteira. A região escandinava possui rebanhos de gado vermelho, selecionados desde longa data, que apresentam características reconhecidas hoje, como muito favoráveis. Na Rússia, a raça Kholmogory, malhada de preto, existe desde o século XVII, foi formada em região baixa e fértil, e pode ter contribuído para a formação da raça Holandesa em épocas remotas, mas foi posteriormente melhorada com a introdução de reprodutores importados dos Países Baixos. O interessante é que não foi difundida para outras áreas, apesar de descrita como de boa capacidade produtiva e, rústica, talvez, pelo isolamento e situação política da antiga União Soviética, de maneira que, hoje, fica restrita à região de origem.

Raças desconhecidas formadas em épocas mais recentes, originárias do cruzamento de gado de várias origens das ilhas Britânicas, como a Illawarra, da Austrália, e Canadienne, do Canadá, não são difundidas, apesar de consideradas possuidoras de atributos interessantes.

Programas oficiais de preservação de raças que apresentam populações pequenas têm como objetivo manter genomas que poderão contribuir no futuro para a introdução de variabilidade genética, como também características de resistência a enfermidades ou outras desejáveis para sistemas de produção específicos. Falta de expressão não significa que não tenham importância fora do 'habitat' específico, pois poderão ter papel importante para a pecuária leiteira do mundo.

Exemplos recentes de cruzamentos para 'quebrar' consanguinidade e favorecer trabalhos de melhoramento genético atestam a importância dos agrupamentos raciais restritos a países ou regiões e que são desconhecidos e desconsiderados nas opções de escolha dos produtores que se dedicam à produção de leite no Brasil e em outros países.

# E AINDA SE VENDE PEDIGREE E TIPO

## REVISTA BALDE BRANCO - Nº 527 - SETEMBRO DE 2008

O conhecimento tecnológico neste início do século XXI é inquestionável e possibilita ao fazendeiro resultados surpreendentes no agronegócio. A partir da Segunda Guerra Mundial, as transformações na agricultura dos países que investiram em tecnologia foram incrementadas porque os meios de comunicação foram melhorados, o intercâmbio entre países aumentou, houve aperfeiçoamento de técnicas de análise e interpretação de dados e, assim, o mundo chamado desenvolvido foi capaz de aumentar surpreendentemente a produção e a produtividade.

A partir de 1950, o progresso tecnológico nos Estados Unidos e na Europa foi notável, possibilitando que o déficit de alimentos observado na comunidade econômica europeia fosse eliminado, ocorrendo então excedentes em quase todos os produtos agrícolas, principalmente, lácteos, permanecendo situação de déficit somente para os que não tinham condições de serem produzidos na região. É verdade que ações de cunho protecionista e de estímulo foram empregadas, mas sem aplicação de conhecimento científico em práticas agrícolas, o setor não teria evoluído de maneira tão rápida e efetiva.

Considerando o volume de conhecimento propício ao desenvolvimento do setor leiteiro na atualidade, é de se espantar e lamentar o fato de que ainda exista no país comercialização de sêmen de touros não provados. Isso ocorre ora porque foram premiados em exposições, ora por causa do tipo ou pelo fato dos pedigrees indicarem ancestrais que se destacaram por algum motivo.

O fato não é novo e indica que experiências negativas do passado não foram aprendidas, pois tentativas de utilização de sêmen de reprodutores de fazendas de destaque, regiões leiteiras famosas ou animais importados por tipo ou linhagens nobres não resultaram em benefícios, mas, sim, em resultados insatisfatórios ao longo do tempo para fazendeiros e centrais de inseminação que investiram no negócio.

Muitos anos atrás, uma fazenda detentora de um dos mais afamados rebanhos da época importou dos Estados Unidos um garrote que havia sido campeão jovem da Exposição de Wisconsin, nos Estados Unidos, filho de uma vaca recordista de produção e de pai famoso pelo tipo. Depois de cinco ou seis anos, quando um número significativo de suas filhas entrou em lactação, se verificou o que se sabe cientificamente há muito tempo: não existe correlação genética entre tipo e produção, e ancestrais não garantem transmissão de genes favoráveis à produção.

Fato semelhante ocorreu também nos Estados Unidos, só que num passado distante, quando um fazendeiro, achando que seu rebanho era superior a todos os outros, decidiu usar em larga escala e vender sêmen de um garrote no qual punha muita fé, antes da divulgação do teste de progênie. Posteriormente, ficou caracterizado que o reprodutor era negativo para produção de leite. Devido à complexidade da herança da aptidão leiteira, sem teste de progênie não há possibilidade de avaliar ou garantir a qualidade de um reprodutor. Aventuras são perigosas porque defeitos só são detectados algum tempo depois, quando o número de filhas pode ser considerável.

A dificuldade para a escolha acertada de reprodutores pode ser bem caracterizada pelo fato de que nos Estados Unidos são testados mais de 1.000 garrotes por ano, filhos dos melhores touros e vacas, e somente 10% produzem sêmen para comercialização como animais superiores após o teste de progênie. Na Europa são testados 1.200 touros por ano. A raça Sueca Vermelha, por exemplo, tem um programa bem estruturado de melhoramento. Menos que 0,5% das vacas são selecionadas através de métodos analíticos complexos como mães potenciais, e os pais, escolhidos entre os melhores existentes. Mesmo assim, somente 3 a 5% dos touros testados são utilizados como reprodutores capacitados a melhorar geneticamente os rebanhos.

A superioridade de reprodutores provados sobre os animais que não foram submetidos a teste de progênie para avaliação do mérito genético foi demonstrada no passado, nos países desenvolvidos. Na época, existia necessidade de mostrar, de maneira objetiva aos produtores, que touros usados por tipo e pedigree, quando avaliados por meio de suas filhas e, então, comparados com os previamente testados, revelavam em todas as raças, inferioridade, que resultava em produção mais baixa e perdas econômicas consideráveis.

Estudo conduzido no Brasil, empregando análise estatística e observando critérios científicos para comparação, mostrou que numa fazenda em que se utilizou cruzamento absorvente por vários anos, as filhas de touros provados foram superiores às oriundas de monta natural com reprodutores registrados como puros de origem, reafirmando assim conceitos científicos amplamente difundidos em todo o mundo. Não há justificativa para insistir no erro, e técnicos e produtores deveriam proclamar que tipo e pedigree não são critérios confiáveis, e que inexiste embasamento técnico para adquirir sêmen comercializado sem índices que caracterizem o mérito genético dos reprodutores.

# SÓLIDOS NO LEITE

## REVISTA BALDE BRANCO - Nº 551 - SETEMBRO DE 2010

Ações coordenadas pelas indústrias de laticínios conseguem introduzir mudanças importantes na cadeia produtiva quando promovem o pagamento para obtenção de matéria prima de melhor qualidade. Um exemplo bastante ilustrativo aconteceu no caso do resfriamento do leite nas fazendas, que foi implantado para possibilitar coleta de produto de melhor qualidade, mas contribuiu também, para colocar o setor leiteiro mais próximo da situação encontrada nas regiões de pecuária desenvolvida.

Por ser um produto perecível e muito sujeito à contaminação, não fazia sentido continuar comprando matéria prima de baixa qualidade para a indústria, quando cresce no mundo a consciência do significado de segurança alimentar. A implementação do projeto ocorreu independentemente de medidas impostas por legislação pertinente, mostrando que os agentes de mercado reúnem condições para promover alterações em períodos de tempo relativamente curtos e, assim, contribuir para a modernização do setor produtivo, que tem inúmeras características de atraso conceitual.

Atualmente, o mercado está sinalizando que quer introduzir com vigor, novos mecanismos capazes de conduzir o setor para outro patamar de desenvolvimento, pagando bônus pela proteína e pela gordura do leite que ultrapassem os limites estabelecidos. O país está, assim, aos poucos, se adaptando à realidade observada em regiões de pecuária evoluída, onde os sólidos são valorizados desde meados do século XX. Em países como a Nova Zelândia, onde quase a totalidade do leite é produzida para exportação, o pagamento é feito somente considerando a proteína e a gordura, sendo o volume penalizado.

A importância dos sólidos é tão grande para a economia, que na avaliação do mérito genético dos touros submetidos a teste de progênie, pelo cálculo do índice Breeding Worth, que representa uma estimativa da habilidade do touro de gerar crias que serão eficientes na conversão de alimento em lucro, a característica volume de leite produzido tem peso negativo. Existe, então, a procura de touros melhoradores para produção de sólidos em menor volume de leite. Em 1950, a vaca média daquele país produzia 200 kg de sólidos por ano e atualmente, mais de 360 kg, mostrando que o trabalho técnico em longo prazo traz resultados significativos.

Os produtores brasileiros devem reconhecer que essa política veio para ficar e que novos mecanismos de valorização dos sólidos produzidos devem ser propostos no futuro, pois o pagamento por volume implica pagar pela água existente no leite, que chega a representar, em alguns casos, mais de 88% do total. Assim sendo, é muito importante que fatores nutricionais e ambientais sejam analisados para que deficiências de fibra e de outros nutrientes não prejudiquem a composição do leite.

Com o aumento de confinamentos e o emprego de vacas de produção mais elevada, o monitoramento das dietas passa a ser importante quando se deseja qualidade, no que diz respeito à presença de sólidos no leite. A utilização de matrizes de raças que apresentam boa produção e leite mais rico em gordura e proteína é outra maneira de se preparar para exigências futuras do mercado e obter preços melhores por conta dos sólidos produzidos.

Promover cruzamentos entre raças pode ser uma ferramenta muito útil para a melhoria de sólidos no leite em prazos relativamente curtos, como mostraram resultados publicados na Nova Zelândia do início da década de 1990. As mestiças do cruzamento entre Jersey (295 kg de sólidos na lactação) e Holandês (331 kg de sólidos na lactação) produziram mais sólidos (333 kg de sólidos na lactação), porque apresentaram produção mais elevada que as vacas da raça Jersey e leite mais rico em sólidos que as matrizes Holandesas de maior produção.

No cruzamento de raças diferentes, aparece o vigor híbrido que traz melhorias comprovadas na produção, na resistência a doenças, e na reprodução, além melhorar a produção de sólidos, caso uma das raças apresente genoma que possibilite leite mais rico. Trabalhos publicados nos Estados Unidos também mostraram elevação no teor de sólidos do leite, quando vacas da raça Holandesa foram inseminadas com Montbeliard, Sueca Vermelha e Normanda, raças europeias que apresentam leite rico em gordura e proteína. Melhorias foram também detectadas em facilidade de parto e taxa de sobrevivência no rebanho. Na ESALQ (Escola Superior de Agricultura "Luiz de Queiroz") da USP (Universidade de São Paulo) em Piracicaba (SP), o programa de cruzamento resultou em aumento significativo na composição do leite à medida que o número de fêmeas mestiças de Jersey com Holandês aumentava no rebanho.

Para que os programas de cruzamento tragam resultados significativos é necessário que os reprodutores sejam de qualidade. Como os machos geram um número maior de descendentes no rebanho, é essencial que se trabalhe com touros provados melhoradores para sólidos e produção de leite. Não se deve esquecer de que, no caso brasileiro, o volume ainda é valorizado.

# CRUZAMENTOS EXIGEM CONHECIMENTO TÉCNICO

## REVISTA BALDE BRANCO - Nº 578 - DEZEMBRO DE 2012

Existem publicações do início do século XX relatando a necessidade de cruzamentos de zebuínos com raças especializadas para a produção de leite. O objetivo é obter uma vaca rústica, capaz de tolerar as condições inadequadas do clima tropical, que sempre foi considerado limitante pelo calor, pelas deficiências nutricionais e pelas doenças e parasitos. Por isso, na maioria das fazendas existe predominância de animais mestiços (taurinos x zebuínos).

Estudos mostram que, como consequência de cruzamentos sem critério técnico, a porcentagem de vacas em lactação por ano é muito baixa nas fazendas, por conta de períodos de lactação curtos, típicos de vacas de raças de corte, e também, as produções por vaca do rebanho por ano são pequenas.

Além disso, mas com a mesma procura de rusticidade, houve, de 1950 a 1980, grande esforço para a formação de raças adaptadas pelo cruzamento de zebuínos e taurinos. As tentativas, sem resultados palpáveis, foram realizadas por meio de cruzamentos dirigidos para a obtenção de determinado grau de sangue e valorizavam características de conformação e cor da pelagem para conseguir uniformidade.

Não se obtém sucesso em curto prazo quando touros sem teste de progênie são empregados com matrizes de raças não leiteiras que formam a base do rebanho. Cruzamentos absorventes também não trazem resultados significativos, se as matrizes iniciais forem desqualificadas e os touros sem teste, porque períodos de lactação curtos são difíceis de serem eliminados dos rebanhos. Cruzamento sem critério técnico não leva a melhoramento genético, e a formação de raça exige aplicação de conceitos científicos.

De maneira diferente, a evolução da produção de leite nos países de pecuária evoluída é atribuída, entre outros fatores, à utilização de animais especializados, pois com vacas de boa qualidade foi possível obter eficiência na geração de receita e viabilizar a atividade sob o ponto de vista econômico.

As raças surgiram como preferência regional por um determinado tipo de gado, fruto da seleção realizada em um período de tempo longo, transformando a vaca criadeira de bezerros em um animal apto a produzir leite para o homem, por apresentar período de lactação longo e produções elevadas na lactação.

O uso de reprodutores provados e as práticas de manejo baseadas em conhecimento científico contribuíram para o estabelecimento de rebanhos produtivos. Após a Segunda Guerra Mundial, houve grande desenvolvimento da agricultura nos países da Europa e América do Norte, com o uso de cruzamentos para alavancar a produção de alimento para a população dos centros urbanos que cresciam rapidamente.

No caso dos suínos, aves, carneiros e gado de corte, os cruzamentos entre raças ou linhagens possibilitaram o uso da heterose para melhorias na reprodução, no ritmo de crescimento, na eficiência alimentar e na qualidade de carcaça. No caso de gado leiteiro, a tendência foi a de utilização de agrupamentos raciais, sem cruzamentos, apesar de estudos muito antigos indicarem algumas vantagens nos animais cruzados.

O bom desempenho das raças leiteiras, o uso de touros provados para melhoramento genético dos rebanhos, o desenvolvimento do conhecimento sobre nutrição, fisiologia, reprodução e conforto animal criaram condições para a tendência histórica de não se utilizar cruzamentos entre raças especializadas.

Atualmente, existe interesse crescente pelo cruzamento entre raças leiteiras objetivando o controle da consanguinidade e, sobretudo, o uso da heterose para obtenção de melhorias na produção, resistência a doenças e reprodução.

Estudos científicos publicados indicaram que por meio de cruzamentos é possível obter, logo na primeira geração, mais leite de melhor composição, se uma das raças for selecionada por níveis elevados de proteína e gordura.

Benefícios adicionais apareceram como redução no período necessário para emprenhar a vaca após o parto e diminuição na porcentagem de partos difíceis e natimortos, quando uma das raças possibilitava bezerros menores, e também, redução na contagem de células somáticas. Um estudo da Nova Zelândia revelou melhoria na produção de sólidos de leite por hectare e na margem obtida com vacas cruzadas Holandês x Jersey, do que com Holandês e Jersey (raças puras).

Com base no conhecimento acumulado, se pode afirmar que o cruzamento pode ser uma estratégia muito vantajosa para melhorar a eficiência dos rebanhos em termos de reprodução e resistência a doenças e para obtenção, na primeira geração, de leite com maior teor de sólidos. Entretanto, é preciso salientar que os bons resultados dependerão do mérito genético dos reprodutores e que a escolha das raças deve ser criteriosa visando à seleção de características desejáveis na vaca mestiça.

A manutenção da heterose por mais tempo após o meio-sangue, pode ser obtida pelo emprego de três ou quatro raças, o que pode ser facilmente conseguido com o uso de sêmen de um variado número de raças reconhecidamente leiteiras, que apresentem touros provados em teste de progênie.

# ESCOLHA DE REPRODUTORES

## REVISTA BALDE BRANCO - Nº 593 - MARÇO DE 2014

Na fazenda leiteira, dois eventos, relacionados entre si, promovem entusiasmo e alegria porque dizem respeito à perspectiva de um futuro promissor. O nascimento de uma bezerra significa esperança, e a possibilidade de acompanhar o seu desenvolvimento até o parto estimula a imaginação ao ponto de alguns produtores afirmarem que a nova geração promoverá mudança significativa na produção de leite. Além disso, a expectativa de venda de novilhas pode significar aumento da receita auferida pela propriedade.

Para que as fêmeas jovens possam desempenhar o papel que delas se espera, o produtor sabe que é necessário contar com um bom reprodutor, porque os touros podem deixar um número grande de descendentes, ao passo que as vacas, apesar de contribuírem com 50% da carga genética, produzem na vida útil um número menor de filhas. Por esse motivo, existe uma tendência histórica de se atribuir ao macho um papel de destaque pela responsabilidade de produzir crias de qualidade.

O fascínio que o reprodutor exerce sobre o produtor de leite vem de longa data e foi muito bem retratado em 1647 por Paulus Potter em um famoso quadro denominado "O Touro", mantido no museu Mauritshuis, em Haia, na Holanda, pela dimensão e fidelidade com que retrata a natureza e por mostrar um fazendeiro admirando o garrote que escolheu para padrear a matriz repousando à sombra.

Quadro "O Touro" de Paulus Potter pintado em 1647 e mantido no museu Mauritshuis, em Haia, na Holanda.

Quando o conhecimento científico era limitado, a escolha era baseada em conformação corporal do animal e, se possível, na capacidade produtiva da mãe. No século XIX, além das características de tipo que agradavam, houve grande esforço no sentido de se encontrar indicadores de qualidade no corpo do reprodutor para tornar mais acertada a decisão.

Os estudos relacionados com pelagem, dimensão de partes do corpo, aparência geral e características do tipo leiteiro revelaram que a escolha 'pelo olho', ainda bastante difundida no Brasil, e exercida por 'conhecedores' de gado que muitas vezes levam em consideração orelha, rabo, e chifres, não possibilitava a detecção de bons padreadores, porque não existe correlação genética entre tipo e produção de leite.

Outra limitação da escolha de reprodutores sem um critério científico está relacionada com o fato de que a qualidade das filhas só será conhecida após o parto e o término da lactação e, portanto, será necessário esperar cerca de três a quatro anos para cada uma das novilhas nascidas, e também, se deve atentar para o fato de que as crias são diferentes, devido às inúmeras possibilidades de combinação de genes no acasalamento.

Julgar a qualidade de um reprodutor por uma ou poucas filhas não é um critério correto sob o ponto de vista de técnico. Além disso, se sabe que acasalamentos promissores não trazem somente resultados favoráveis e, assim, decepções podem ocorrer quando se considera um número limitado de novilhas.

O desenvolvimento do conhecimento científico possibilitou a identificação da qualidade genética do reprodutor através do desempenho de suas filhas nos denominados testes de progênie, um processo criterioso para selecionar animais capazes de disseminar genes favoráveis, atendendo assim a eterna aspiração de contar com um padreador de qualidade.

Assim sendo, a escolha passa então a utilizar critérios técnicos que possibilitam não só melhoria na produção como na composição do leite, características de tipo favoráveis ao desempenho da atividade, e também, melhores resultados reprodutivos e de resistência orgânica. A utilização da inseminação artificial em larga escala elimina a avaliação visual do reprodutor, porque a escolha passa a ser pela genética. Apesar disso, os catálogos de venda de sêmen podem incluir fotos porque os produtores sempre apreciaram ver a aparência, a cor, o tipo e o 'jeitão' do touro.

No século XX, o sequenciamento do DNA possibilitou selecionar animais geneticamente superiores com base na análise do cromossoma, resultando, então, na chamada seleção genômica, que permite a escolha de genótipos superiores no nascimento, não sendo necessário haver a reprodução para se obter a avaliação do reprodutor. Com base nas informações dos genomas do futuro reprodutor e de animais da população, é possível fazer uma estimativa do mérito genético por meio de equações complexas, que resultam em índices de predição com boa confiabilidade, semelhantes às obtidas por teste de progênie. O processo é revolucionário, pois, além de mais barato é possível identificar genomas favoráveis em machos e fêmeas, possibilita aumentar a intensidade de seleção e incrementa o progresso genético, e também amplia a possibilidade de seleção de bons touros.

O uso de reprodutores deve ser racional, e não faz sentido escolher para monta natural ou inseminação porque é bonito, ganhou exposição, a mãe é boa ou porque é registrado. Somente touros com prova genética podem atender às expectativas de se realizar o sonho milenar de filhas melhores que as mães.

# LEITE E AS RAÇAS ESPECIALIZADAS

REVISTA BALDE BRANCO - Nº 599 - SETEMBRO DE 2014

O mundo possui mais de 1,48 bilhão de bovinos, e nessa imensa população é possível encontrar cerca de 800 raças, representadas por um conjunto de animais que, devido à origem comum e seleção feita pelo homem, apresentam características morfológicas iguais e aptidões definidas. Faz também parte do rebanho, grande número de indivíduos resultantes de cruzamentos dirigidos ou aleatórios formando populações de raças mestiças e de gado sem raça definida.

Na formação das raças houve preferência por tamanho, cor da pelagem, formato dos chifres, das orelhas, da face, e também temperamento e, por isso, são encontradas diferenças marcantes entre elas. No desenvolvimento houve necessidade de adaptação às condições climáticas específicas das regiões de origem no que diz respeito a calor, frio, pluviosidade, e também, às edáficas, como fertilidade do solo e relevo.

Na consolidação das raças, o homem procurou selecionar atributos de importância econômica como produção de leite, carne ou aptidão para trabalho, um papel importante dos bovinos no passado, e também, no mundo atual em regiões pouco desenvolvidas. O melhoramento genético das raças para a produção de leite aconteceu em um longo período e, a partir do início do século XX, o progresso foi mais consistente devido ao grande desenvolvimento do conhecimento cientifico.

Em 2012, de acordo com a FAO (Organização das Nações Unidas para a Alimentação e a Agricultura), o número de vacas leiteiras no mundo era de 269.877.264 cabeças, o que representa 18% do total de bovinos. Destes, cerca de 80% do total seriam de raças indefinidas ou de animais mais adaptados à produção de carne, que são ordenhados para fornecimento de leite ao homem nas regiões onde prevalecem sistemas extrativistas, com produções por vaca do rebanho muito baixas.

A evolução da produtividade dos rebanhos das regiões que utilizam grande número de matrizes sem aptidão leiteira definida é muito pequena, quando comparada com o resultado obtido em locais onde são ordenhadas vacas de raças especializadas. Por exemplo, em 50 anos, iniciando em 1962, o Brasil conseguiu melhoria de 14 kg por vaca por ano; a Venezuela, 10 kg por vaca por ano, e Cuba, 15 kg por vaca por ano, mas na Holanda, no mesmo período, o avanço foi de 67 kg por vaca por ano, de 79 kg no Japão e de 71 kg na Argentina.

A consequência dessa situação é que os rebanhos dos países de pecuária leiteira pouco desenvolvida, que ocupam posição de destaque como produtores mundiais são muito grandes e, por isso, 16,7% das vacas leiteiras do mundo estão na Índia, que mantém o maior rebanho e 8,5% no Brasil, que ocupa a segunda posição. Para comparação, a União Europeia e a América do Norte possuem, em conjunto, somente 12,4% das vacas leiteiras do mundo e produzem cerca de 40% do total do leite, porque os sistemas de produção trabalham com vacas de raças especializadas.

Atualmente, umas 20 raças podem ser consideradas especializadas porque apresentam períodos de lactação longos, boa produção de leite, temperamento calmo e são utilizadas em sistemas que utilizam conceitos científicos para produção. Algumas têm importância somente nas regiões de origem e várias são encontradas também em outros locais, devido às qualidades específicas, como alta produção, composição do leite, cor da pelagem, tamanho, facilidade de parto, etc.

As que tiveram maior difusão fora de sua região de origem foram formadas na Holanda, nas Ilhas Britânicas, na Suíça e em países escandinavos, e são usadas em rebanhos puros ou em cruzamentos. Na colonização de regiões que hoje são importantes produtoras de leite, como a América do Norte e a Oceania, os imigrantes europeus levaram com eles a tradição de produzir leite com matrizes de raças leiteiras.

Nos dias de hoje, o conhecimento científico em nutrição, reprodução, sanidade e conforto, e também o aprimoramento do manejo, criaram condições para o estabelecimento de sistemas de alta produtividade com vacas de raças especializadas. De acordo com a lista de produtividade da FAO, se verifica que os cinco rebanhos mais produtivos do mundo estão Israel, com a vaca média produzindo 11.579 kg de leite por ano; Arábia Saudita, com 10.808 kg; República da Coréia, com 9.895 kg; Estados Unidos, com 9.841 kg; Canadá, com 8.816 kg, em sistemas de confinamento total, com uso preferencial da raça Holandesa.

O emprego de raças leiteiras em sistemas da produção com pastagens em agrupamentos puros ou por cruzamento entre raças especializadas possibilita a manutenção de sistemas eficientes na Nova Zelândia, onde a vaca média do país produziu 4.005 kg de leite por ano, e na Irlanda, 4.715 kg por ano.

O desenvolvimento científico sobre produção de leite permite afirmar que o verdadeiro potencial das raças leiteiras especializadas não foi ainda totalmente explorado, como atesta o recorde de produção da vaca Holandesa americana 'Ever-Green-View My 1326 ET', que produziu 32.735 kg de leite em uma lactação de 365 dias, o que significa uma média diária de 89,7 kg de leite durante o ano.

PENSANDO O LEITE - VOLUME III

# ÍNDICES ZOOTÉCNICOS

# GRANDE ILUSÃO

## REVISTA BALDE BRANCO - Nº 372 - OUTUBRO DE 1995

Na era a informática, os produtores de leite tem possibilidade de controlar o rebanho e o processo produtivo através de 'softwares' criados especialmente para o setor. Os recursos disponíveis e a engenhosidade dos programadores criaram mecanismos para o cálculo de índices e sistematização de informações difíceis de serem estimadas manualmente e, por isso mesmo, frequentemente desconsideradas nas fazendas e desconhecidas dos produtores.

O número de programas nacionais e estrangeiros disponíveis no mercado é grande, e firmas especializadas oferecem prestação de serviços para os fazendeiros que não possuem equipamento ou pessoal especializado. Indiscutivelmente, a informatização pode se transformar num meio valioso para o gerenciamento, se colaborar na análise do que está acontecendo, c fornecer elementos para a tomada de decisões, ou se for capaz de caracterizar o potencial produtivo ou os pontos fracos da atividade. Caso contrário, pode se transformar num instrumento inútil e em mais um recurso improdutivo entre os inúmeros encontrados nas fazendas mal administradas.

Números não mentem, mas podem enganar se a análise for mal conduzida ou a manipulação orientada deliberadamente no sentido da deturpação ou ocultação de fatos relevantes. São bem conhecidos e comentados o episódio famoso da inflação do chuchu e a estória da ingestão média de meio frango numa casa de duas pessoas, onde uma come tudo e a outra nada. Nos dois casos, os números foram usados para dar uma ideia falsa da realidade, apesar de verdadeiros. A maneira de calcular, apresentar ou caracterizar dados assume, então, uma importância muito grande, pois pode gerar expectativas que nunca serão correspondidas, fato que inevitavelmente afetará aqueles que tentam trabalhar com racionalidade.

É preocupante verificar análises de rebanhos enfatizando números que não foram e, talvez, não sejam nunca obtidos nas fazendas, como lactações corrigidas para idade adulta ou períodos de lactação padronizados. Usar computador para calcular média diária de produção das vacas em ordenha não faz sentido, pela simplicidade da operação e pela total falta de significado do índice. Com ele não é possível caracterizar a atividade, nem identificar o potencial do rebanho explorado. Produção por vaca do rebanho é, na realidade, a medida capaz de revelar valores baixos e preocupantes quando ocorrer ineficiência devido à reprodução irregular, à períodos de lactação curtos ou à baixa porcentagem de vacas em lactação. Assim, muitos fazendeiros que se orgulham dos 20 litros por vaca, teriam de encarar 14 litros se mantivessem somente 70% das vacas em lactação.

Ficariam também surpresos se os programas estimassem o que está sendo perdido na fazenda, que possui um potencial instalado, mas não explorado. A desvinculação dos índices da área física utilizada para a produção é outra maneira de criar números ilusórios, pois a terra se constitui na maior parcela do capital investido, e, por isso, seu uso deve ser avaliado. Outros recursos importantes, como mão de obra, devem também participar das análises e contribuir para o melhor entendimento do processo produtivo.

A avaliação da fazenda por meio do número de vacas em lactação por hectare poderia dar a medida da eficiência global da empresa, mas o índice raramente é caracterizado. Se fosse, revelaria valores baixos e certamente causaria grande preocupação em quem pensa que tem uma exploração moderna e produtiva.

Encontra-se difundida no país a ilusão dos rebanhos de alta produção, caracterizados pelas médias das vacas em lactação, mas de eficiência muitas vezes duvidosa. Em alguns casos, os resultados econômicos pouco satisfatórios geram perplexidade e insatisfação para com a atividade. A administração exige conhecimento da realidade, dos fatos negativos, e é exatamente nesse ponto que a informatização deve contribuir. Usar programa de computador para estimular a vaidade, para manipular números, pode ser bom para o ego de indivíduos acostumados com o sucesso aparente, que necessitam de dados para impressionar uma plateia pouco esclarecida sobre o significado real dos números apresentados.

# LEITE NA AGRICULTURA

## REVISTA BALDE BRANCO - Nº 391 - MAIO DE 1997

Desvincular a produção de leite da terra é uma constante entre os brasileiros. Poucos são capazes de caracterizar o potencial produtivo de sua fazenda com base no uso racional e eficiente do solo, como normalmente fariam para o estabelecimento de culturas anuais e perenes. O tamanho do rebanho, a qualidade de alimentos e a distribuição das instalações e benfeitorias são variáveis importantes para o planejamento da atividade econômica a ser estabelecida.

Com grande frequência a terra se constitui na maior parcela do capital investido na produção de leite, e seu uso precisa ser racionalizado, analisado e maximizado. Raramente se ouvem comentários sobre o rendimento proporcionado pela exploração de gado leiteiro por unidade de área, nem sobre importantes índices que caracterizam a exploração do solo como litros por hectare, número de vacas por unidade de área ou mesmo capacidade de lotação das fazendas no sistema adotado. O uso da informática para o gerenciamento das fazendas trata somente de aspectos relacionados com a produção das vacas, reprodução, criação de novilhas e, pouco, ou nada, que diga respeito ao uso atual ou potencial da terra.

Os índices publicados revelam informações de pouca importância para o julgamento do modelo de produção implantado. Talvez o fato ocorra porque os relatórios são adaptados de sistemas americanos que usam confinamento, compram alimentos e, às vezes, encaminham as novilhas para serem criadas em outras localidades. Nessas condições, a vaca passa a ser o fator de produção mais importante, e a análise do seu comportamento é fundamental para o entendimento do potencial que está sendo trabalhado.

Quando se adquire uma gleba para a produção de leite no exterior, a primeira providência é calcular o potencial produtivo em função do modelo a ser implantado. Esse fato serve para caracterizar o que pode ser esperado e o rendimento da área, que oferece uma visão antecipada da validade da proposta de exploração do solo por vacas leiteiras. Essa atitude é importante para que seja viável comparar diferentes atividades na agricultura e a razão mais forte para o uso constante de glebas agrícolas para o estabelecimento de fazendas leiteiras.

Outra característica importante da produção de leite, raramente comentada ou analisada, é a eficiência do uso da vaca para elevação dos rendimentos a serem obtidos na exploração do solo. É fácil calcular que um hectare de milho plantado gera uma receita líquida maior se fornecida ao gado que quando a colheita é para a venda de grãos no mercado. Considerando dados de boa produtividade e preços de venda médios para o produto, torna-se possível propor que um hectare de milho, produzindo 8.000 kg, seja capaz de gerar R$ 1.360,00*, ao passo que a mesma área transformada em silagem (45 t/ha), permita ganhos de pelo menos R$ 5.300,00, possibilitando a produção de 15.000 ou mais litros

* Dólar em 02.05.1997 cotado a R$ 1,0640.

de leite. Estudos econômicos da década de 1950 já indicavam as vantagens da transformação da cultura do milho em leite, quando existe eficiência no uso do solo e do animal.

O estabelecimento de pastagens em terras com vocação agrícola também é vantajoso sob o ponto de vista econômico, pois a exploração intensiva dos pastos associada às culturas de volumosos para o período desfavorável do ano pode proporcionar os mesmos 15.000 ou mais litros de leite por hectare por ano. Modelos implantados no mundo todo revelam que, através de confinamento ou pasto, a exploração do gado leiteiro pode ser rentável, possibilitando ganhos maiores que outras atividades de exploração do solo.

A falta de índices realistas para o julgamento das fazendas e as distorções sobre tecnologia existentes no país impedem a aceitação do leite como negócio. A inexistência de parâmetros, associada ao negativismo e divulgação de mau negócio, impede que o setor evolua. Um movimento realista deve procurar neutralizar as ideias retrógradas ou pessimistas sobre o leite, como boa opção para a agricultura.

Torna-se cada vez mais importante divulgar bons e maus resultados obtidos no setor, para configurar a necessidade do estabelecimento de conceitos tecnológicos corretos e viáveis. A globalização da economia, associada à estabilidade econômica, já estão exigindo também na agricultura, que sejam introduzidos conceitos gerenciais para a produção de leite.

# O QUE É PRODUTIVIDADE?

## REVISTA BALDE BRANCO - Nº 410 - DEZEMBRO DE 1998

Tem-se comentado que existe um aumento expressivo na produtividade do rebanho brasileiro, porque dificilmente o país alcançaria as taxas de crescimento da produção de leite sem elevar significativamente a mesma. A ideia surgiu quando, na análise da contribuição da vaca média para a produção do Brasil, se detectou um incremento de cerca de 20%. Entretanto, a análise quantitativa dos dados revelou um aumento de somente 9,6 litros por vaca por ano, o que corresponde a 26 g de leite por vaca por dia. Na época calculou-se que, mantido o ritmo de crescimento detectado, seriam necessários 176 anos a partir de 1993, para que a vaca média do Brasil pudesse contribuir com 2.500 litros por ano, valor obtido pela maioria das regiões de pecuária evoluída no início do século

XX. Na realidade, o aumento expressivo no número de vacas do rebanho, com a abertura de novas frentes de produção, associado a um pequeno aumento na quantidade de leite produzido por vaca pode justificar os 20 e poucos bilhões de litros estimados para o país em 1998.

De acordo com o IBGE (Instituto Brasileiro de Geografia e Estatística), nos primeiros cinco anos da década de 1990, houve um incremento de 301.260 vacas por ano no rebanho leiteiro do Brasil, com aumento de somente 23 litros por vaca por ano, o que significa 63 g de leite por vaca por dia. Esses valores são inexpressivos, quando se considera o conceito técnico de produtividade, e não podem e não devem ser usados para caracterizar mudanças substanciais na eficiência dos sistemas de produção de leite do país.

Infelizmente, no Brasil, o conceito de produtividade não é bem entendido e, por isso, usam-se índices promocionais para caracterizar a atividade leiteira. Produção por vaca em lactação, produção por lactação, produção estimada para a idade adulta e produção total da fazenda são informações que não oferecem elementos para julgar de que maneira os fatores produtivos foram empregados, afetando não só a capacidade de produção, como também a economicidade. A análise da produtividade deve, obrigatoriamente, utilizar o conceito de produção por vaca do rebanho por ano, que indica de que maneira o rebanho é usado para a produção de leite, e reflete o emprego de conceitos de nutrição, reprodução, saúde e conforto, ou seja, do manejo adotado no processo produtivo. Esse índice deve ser complementado por produção de leite por hectare, sempre que a fazenda produzir a base da alimentação do rebanho, de maneira a sintetizar informações sobre o uso do recurso produtivo terra. Outras avaliações que indiquem a eficiência da mão de obra, o uso da energia, o aproveitamento racional dos recursos financeiros, etc. podem contribuir para o entendimento real do significado de produtividade.

A falta de um padrão definido para uma análise crítica do que está acontecendo pode levar a distorções na interpretação dos fatos e, geralmente, causa dúvidas com relação ao emprego de tecnologia para a produção de leite.

Fazendas com índices promocionais bons podem apresentar baixa produtividade, pelo uso inadequado dos fatores de produção, e não serem capazes de obter sucesso na atividade. O uso de instalações e equipamentos sofisticados, de rebanhos grandes e de tecnologia chamada de ‘ponta’, para a produção de grandes quantidades diárias de leite, não caracteriza uma fazenda de alta produtividade, sem a análise de índices que revelem o uso eficiente dos fatores de produção. A elevação da média de produção das vacas em lactação de um rebanho pode ser um reflexo de mudanças no manejo, mas não na eficiência do sistema como um todo, e, assim, a produtividade pode continuar baixa ou até diminuir.

Por isso, não faz sentido listar a produtividade de fazendas com base na média das vacas em lactação, como também não é válido considerar que a produtividade do rebanho brasileiro aumentou significativamente pelo fato de ter havido aumento na produção de leite do país.

O reconhecimento de que a produtividade dos rebanhos explorados para a produção de leite é baixa pode criar a consciência de que algo precisa ser feito para colocar o setor numa posição de modernidade no século XXI. Métodos corretos de avaliação são necessários para que seja possível a proposição de medidas realmente efetivas de melhoria dos sistemas de produção, e para que índices promocionais sejam caracterizados e deixem de oferecer uma falsa ideia de tecnologia. O que é realmente necessário no Brasil é uma mudança na concepção dos indivíduos que estão envolvidos com o processo de produção de leite.

# O QUE É PROFISSIONALIZAÇÃO?

## REVISTA BALDE BRANCO - Nº 444 - OUTUBRO DE 2001

A apresentação de uma fazenda leiteira é sempre feita através de dados que mostram segmentos de um todo e não o conjunto, dificultando uma análise realista de como são utilizados os fatores produtivos. Nas reportagens de revistas, suplementos especializados, programas de televisão e também propagandas de liquidação de planteis e de venda de reprodutores aparecem dados sobre média das vacas em lactação, genealogia das matrizes, touros usados na inseminação artificial e prêmios obtidos em exposições, ao lado de fotos e imagens de instalações, equipamentos e, quando existem, imagens de vacas e novilhas que são estrelas, por apresentarem tipo aprimorado ou produção elevada.

O problema é também detectado nas visitas realizadas às propriedades, pois, com frequência, são mostrados fatos, acontecimentos e animais que não representam o todo, mas, sim, as exceções dentro de um conjunto complexo de fatores produtivos existentes no local. Nenhuma das informações oferecidas fornece elementos para a caracterização da capacidade produtiva, das consequências do manejo empregado sobre a produtividade ou economicidade e, portanto, a verificação da eficiência da empresa estabelecida para obter resultados satisfatórios, como deve ser o objetivo das fazendas leiteiras, em qualquer sistema de produção.

Essa conceituação generalizada é, sem dúvida, consequência da distorção do significado real de tecnologia. Tecnificar significa aplicar conhecimentos científicos e práticos visando à melhoria da eficiência, produtividade e rentabilidade e, não a simples adoção de algumas práticas consideradas evoluídas, modernas ou de ponta. Com frequência uma técnica introduzida na fazenda passa a definir um sistema considerado tecnificado, quando na realidade se trata de uma simples atividade incorporada à fazenda. Por exemplo, a construção de um galpão de confinamento não significa um sistema tecnificado, se a produtividade e a economicidade forem ruins.

Existe também a tendência de se definir como fazenda especializada aquela que possui gado de raças europeias, instalações sofisticadas, máquinas e equipamentos modernos e usa técnicas consideradas avançadas como inseminação, transferência de embriões, etc. Para completar o quadro, a média diária por vaca ou o valor da lactação são usados como fatores indicativos de boa produtividade, quando na realidade revelam simplesmente a situação do gado em ordenha e o sistema empregado, mas nunca a eficiência do rebanho.

Com frequência, ocorre ainda confusão entre volume e escala de produção, e fala-se que, apesar de a fazenda apresentar boa escala, ser especializada e tecnificada, não consegue resultados satisfatórios, sem que haja definição do uso dos recursos produtivos. Na realidade, escala pressupõe que a proporção dos fatores de produção seja constante, muito embora suas quantidades possam mudar para mais ou para menos. O tamanho da empresa, por outro lado, pode ser alterado modificando a proporção dos fatores produtivos, resultando em operações eficientes, com aumentos de produção.

A concepção distorcida traz como resultado o fato de que, dificilmente, se encontram no país índices para julgar se o potencial instalado está sendo explorado com intensidade ou se os recursos produtivos são bem utilizados. Um simples dado como número médio de vacas em lactação por hectare por ano, retrata a proporção de animais produtivos e improdutivos, eficiência reprodutiva, persistência de produção ou qualidade das vacas e uso do solo, e possibilita caracterizar a fazenda em relação ao potencial teórico.

Para se ter uma ideia da importância desse índice, numa fazenda de gado Holandês, mantido em 'free-stall', consumindo silagem de milho detectou-se somente 0,86 VL/ha (vacas em lactação por hectare). O valor baixo, quando comparado com sistemas americanos similares que conseguem 2,50 VL/ha ou com 8,00 VL/ha, que é o potencial teórico máximo para sistemas intensificados de pastos tropicais, era consequência de elevado número de animais improdutivos, baixa eficiência reprodutiva, vacas sem persistência de produção e ineficiência na produção de volumosos. Considerando o volume e a boa média por vaca em lactação, por se tratar de confinamento, outros índices de eficiência de uso de recursos produtivos também eram baixos, revelando administração ineficiente, uso inadequado dos recursos produtivos e custos altos.

Apesar das modificações observadas nas fazendas brasileiras nos últimos anos, existe necessidade de introdução de conceitos de análise global dos fatores produtivos e do potencial, para que a pecuária leiteira possa ser uma atividade empresarial, e seja possível entender o que acontece na fazenda. Na realidade, o conceito de profissionalização precisa ser entendido e aplicado.

# CONTROLE DA ATIVIDADE

REVISTA BALDE BRANCO - Nº 491 - SETEMBRO DE 2005

Certa vez, na tentativa de sensibilizar o produtor para estabelecer um sistema simples de controle de dados do que ocorria na fazenda, o técnico ouviu o comentário jocoso de que não havia sentido naquela sugestão, porque *"no papel até porco dá lucro"*. O comentário sugeria que, do ponto de vista cultural, havia uma barreira muito grande a ser vencida, e que o significado de controle não tinha importância para a atividade leiteira.

Tal constatação pode ser também justificada por outro fato envolvendo um consultor estrangeiro ao visitar uma fazenda bem montada e tecnificada em nosso país. Espantado com a afirmação de que a propriedade não era rentável, perguntou qual era o custo de produção, qual o valor do leite e a produtividade do rebanho. Recebeu um *"não sei"* como resposta. Achou graça e, mais uma vez, ouviu a justificativa de que o leite não era bom negócio, porque todo mundo no Brasil tinha essa percepção e ele só produzia porque gostava da atividade.

A coleta de dados do que ocorre na fazenda é tida como essencial para que a atividade leiteira seja considerada como um negócio na exploração do solo de uma propriedade agrícola. Nos textos mais antigos sobre produção de leite, o tema era tratado em capítulo especial, longo e detalhado, porque se procurava, no início do século XX, sensibilizar o produtor a colocar 'na ponta do lápis', informações não só zootécnicas como também econômicas. Afinal, na atividade familiar, o produtor era obrigado a retirar da propriedade os recursos financeiros necessários para sobrevivência, pagamento de dívidas, realização de investimentos e atendimento de necessidades dos membros da família.

Dava-se ênfase ao fato de que a produção de leite deveria ser considerada como qualquer outra atividade econômica e, por isso, o controle do que se passava na fazenda, sob o ponto de vista produtivo e econômico era essencial para a sobrevivência, o crescimento e a satisfação pessoal. A ideia de perda de tempo na escrituração de informações deveria, segundo advertência dos especialistas da época, ser substituída pela verificação de que o tempo gasto na atividade não era longo, se houvesse sistematização do trabalho, e que o resultado auxiliava no entendimento das dificuldades, estimulava mudanças e possibilitava resultados mais significativos.

A procura constante de crescimento na produção e na economia do processo foi a mola propulsora para progresso rápido e constante alcançado pelos produtores dos países desenvolvidos, estimulando a adoção de tecnologia e preparando o setor para estruturação e desenvolvimento acelerado em termos de produtividade e economicidade.

Anotar informações perde sentido, se os dados não forem interpretados com o objetivo de esclarecer os fatos que ocorrem na fazenda. A análise consiste na comparação do que se obteve com os padrões considerados aceitáveis para a atividade, determinados por resultados de pesquisa ou por índices obtidos por outros fazendeiros.

Informações obtidas em levantamentos de campo realizados no Reino Unido indicaram que, nas fazendas, o resultado médio das atividades geralmente representa cerca de 80 a 85% do potencial indicado pela pesquisa científica, porque os trabalhos experimentais são obtidos com o controle dos fatores ambientais, ao passo que nas propriedades agrícolas alguns problemas, como seca, pragas, etc., nem sempre são evitados a tempo ou com sucesso. De qualquer maneira, o resultado obtido nos países desenvolvidos pode ser atribuído aos excelentes trabalhos dos serviços de extensão, que, além de orientação, forneciam também padrões para índices de produção e avaliação do desempenho técnico e econômico.

O uso de computadores para controle das ocorrências nas fazendas, substituindo os velhos livros ou fichas preenchidas com anotação manual, facilitou a coleta de dados e possibilitou a elaboração de relatórios contendo um número muito grande de índices e padrões, mas não apresentam uma avaliação do desempenho obtido. Geralmente, revelam uma simples constatação do que ocorre na fazenda. O objetivo é diferente quando a análise revela também indicadores para a margem ou lucro por hectare, por vaca, em relação ao capital investido, por trabalhador, investimento por vaca, capital investido em relação à produção, renda em relação ao capital investido, renda de venda de animais por vaca, etc.

Com esses indicadores, comparados com o que se considera adequado, o produtor pode realmente avaliar o que faz e, então, buscar meios para melhorar o desempenho no uso dos fatores de produção, o que se consegue com aplicação de tecnologia, no seu sentido correto. Certamente, a incapacidade de avaliação e a tradição de considerar o constatado como definitivo e correto, levem o fazendeiro a se contentar com os índices obtidos. Por esse motivo, não tem divulgação, nem impacto, a avaliação técnica de que, por exemplo, nas fazendas brasileiras, o capital investido nem sempre é compatível com a produção e nem com o resultado econômico da atividade leiteira.

# O QUE BUSCAR NA VACA LEITEIRA?

## REVISTA BALDE BRANCO - Nº 492 - OUTUBRO DE 2005

A vaca leiteira sempre foi avaliada por sua capacidade de produzir leite por um longo período e em grande quantidade, acima da necessária para a criação do bezerro. Isso porque o processo de seleção que se desenvolveu por mais de 10.000 anos, sempre teve como objetivo a domesticação, a obtenção de alimento abundante de alto valor nutritivo para o ser humano.

Além disso, na época em que não havia disponibilidade de gordura vegetal, a manteiga era muito importante para a sobrevivência em regiões frias e para o desenvolvimento de culinária mais sofisticada. A proteína do leite tinha grande significado para a preservação do produto na forma de queijo, usado não só para abastecimento em época de escassez como também para viagens longas como as realizadas por navegantes que se aventuravam pelos mares ou exploradores que buscavam novos horizontes.

Desde o inicio da domesticação, o homem sempre teve preocupação com o tipo, fato que promoveu o desenvolvimento regional de animais com características morfológicas completamente diferentes umas das outras, por causa da valorização estética de cores, tipos de chifres, tamanhos, etc. Admite-se também que condições climáticas, migrações e invasões tenham contribuído para a formação de raças com aptidão leiteira, devido ao cruzamento de animais com atributos diferentes, fato que possibilitou a formação de novos agrupamentos raciais com características distintas das originais como, por exemplo, teores elevados de gordura.

De acordo com relatos históricos, em épocas remotas, não existia a consciência de que a vaca seria capaz de pagar seu sustento com a produção de leite, porque a ordenha era para consumo doméstico, como ocorria na Europa no período anterior à Revolução Industrial. Assim sendo, o animal era valorizado por produção de carne e de trabalho, mas a migração do homem para os centros urbanos abriu o mercado e tornou o leite um produto valorizado, possibilitando aos criadores comercializar o produto em quantidades crescentes, criando, então, possibilidades para fazendas especializadas no final do século XIX.

Em vez de suposições, superstições e valorização de características do exterior sem importância, a evolução tecnológica possibilitou um desenvolvimento rápido e mudanças na vaca, sendo possível contar, hoje, com um animal eficiente para garantir rentabilidade produzindo leite.

Os atributos inicialmente desejados continuam cada vez mais procurados para garantia de comercialização. Entretanto, na atualidade, deve-se valorizar uma característica pouco conhecida e difundida, que permite obter resultados econômicos mais significativos na exploração das vacas leiteiras. A produção na vida útil, ou período de tempo em que o animal tem possibilidade de produzir e contribuir para a formação da renda da fazenda leiteira, é um dos fatores mais importantes para a avaliação da importância da matriz para o rebanho. O conceito de vida útil está relacionado com a somatória de importantes indicadores de manejo adequado, como saúde, fertilidade e produção.

A vida útil se inicia com o primeiro parto e termina com a saída do animal do rebanho por qualquer motivo. No período, a vaca deve produzir leite e bezerras para pagar sua manutenção durante a lactação, período seco, e também, a criação dos animais mantidos para reposição, além de garantir um superávit para obtenção de lucro. Por esse motivo, tem grande importância, não só a produção por lactação, mas também o número de crias que se obtém da matriz escolhida para compor o rebanho.

Além disso, a consequente redução na taxa de descarte das vacas contribui para a economia, pois o custo de criação de uma novilha geralmente é alto e, muitas vezes, vale duas ou mais vezes o valor da carne obtida com o abate da matriz. Essa ideia não é muito clara em nosso meio porque os refugos, geralmente, recebem preços relativamente altos, incompatíveis com a contribuição que o animal, na maioria dos casos, pode oferecer ao comprador.

Um caso real de vida útil longa pode ser exemplificado por uma vaca mantida em confinamento nos Estados Unidos, que durante dez anos produziu uma cria por ano e, quando descartada, havia contribuído com 100.000 litros de leite e quatro novilhas. O significado do fato é a disponibilização de 27,4 litros de leite por cada dia de vida útil em que ficou na fazenda. Não há necessidade de esperar o descarte, pois é possível estimar, em cada lactação, a contribuição efetiva da vaca para a formação da renda, dividindo a quantidade de leite produzida pelo número de dias do intervalo entre partos, ou a produção pelo número total de vacas secas e em lactação. Com essa metodologia, calcula-se a participação na vida útil entre as parições, facilitando uma avaliação realista da matriz mantida no rebanho.

A redução no período de lactação terá influência marcante na contribuição da vaca para a quantidade de leite produzida na vida útil, e este é um problema comum no Brasil, pois a produção não é compatível com o número de animais da fazenda.

# UM FATO MARCANTE

## REVISTA BALDE BRANCO - Nº 533 - MARÇO DE 2009

Na edição de número 531 do mês de janeiro de 2009 da Revista Balde Branco foram publicados dados estatísticos sobre produção de leite no Brasil em 2007, segundo dados do IBGE (Instituto Brasileiro de Geografia e Estatística), mostrando a consolidação de uma tendência notada já há algum tempo. A produtividade do rebanho leiteiro da região Sul vem aumentando consistentemente, possibilitando ultrapassar, finalmente, a barreira dos 2.000 litros de leite por vaca do rebanho por ano, valor que se destaca quando comparado com a média aritmética das outras quatro regiões do país, que foi de somente 969 litros por vaca por ano. A constatação merece ser comemorada, mesmo considerando que os valores não são muito altos, porque indica o início de atividade leiteira mais racional.

Muitas regiões produtoras de países desenvolvidos atingiram esses níveis após a Segunda Guerra Mundial, ocasião em que os fazendeiros passaram a atuar de maneira profissional e deixaram de lado princípios tradicionais de simples aproveitamento de leite após a parição, mudando para sistemas de controle do processo produtivo e uso mais racionalizado das vacas. Houve, então, aplicação intensiva de conhecimento científico para o manejo do rebanho, administração efetiva dos recursos produtivos e, consequentemente, evolução rápida nos indicadores que mostram a contribuição anual da vaca média existente em um país ou em uma região.

Com o feito alcançado, a região Sul conseguiu produzir quase o dobro do leite da região Centro-Oeste, com um rebanho ligeiramente maior de vacas, indicando que os recursos produtivos foram mais bem utilizados pelos fazendeiros. Se tivesse extensão territorial capaz de suportar o rebanho relatado para a região Sudeste, poderia contribuir com 15,7 bilhões de litros por ano, colocando a produção nacional em posição de maior destaque no cenário mundial, e seria, de longe, a principal região produtora do país.

Outra maneira de visualizar a importância da produtividade seria considerar que se for mantido o mesmo rebanho e se for conseguido, por meio de melhorias no manejo, um aumento de 1,8 litro por vaca do rebanho por dia, elevando a estimativa de produtividade para 2.814 litros por vaca por ano, assumirá definitivamente a liderança da produção leiteira nacional, mesmo com um rebanho bem menor que o da região Sudeste.

Só se consegue melhoria na produtividade quando as vacas existentes no rebanho reproduzem regularmente (o que significa uma cria a cada ano), mostram persistência de produção e possuem capacidade de produzir na lactação uma quantidade de leite condizente com o sistema implantado, e quando são submetidas a manejo que garanta nutrição, saúde e conforto, a fim de evitar, o máximo possível, situações de estresse. Nessas condições, se consegue de 83 a 85% das matrizes contribuindo com leite durante o ano, de modo que a produção por vaca do rebanho se aproxima mais da média obtida por vacas em lactação.

Quantidade baixa de litros de leite por vaca do rebanho é uma constante em regiões onde a produção de leite é caracterizada pelo simples aproveitamento do leite após o parto, ou seja, não existe nem controle, nem planejamento do processo produtivo. Como nessas condições o manejo não é adequado para vacas mais especializadas e exigentes, somente as rústicas podem ser utilizadas. Visto que estas possuem período de lactação curto e nem sempre o manejo possibilita reprodução regular, as fazendas trabalham com somente 55 a 65% das matrizes em lactação por ano.

Tais condições reduzem a produtividade do rebanho, colocando assim os valores calculados para produção por vaca por ano, próximos ou abaixo de 1.000

litros. Analisando a produtividade dos principais municípios produtores de leite no Brasil, se verifica que em São Felix do Xingu (PA) indicadores de produção extrativa, ao passo que em municípios no Estado do Paraná como Carambeí, Castro e Toledo, por exemplo, há sistemas mais estruturados de produção leiteira, porque a produtividade já está acima de 3.000 litros por vaca por ano.

A localização geográfica não pode ser usada para explicar o avanço em produtividade, se for considerado que na Argentina de 1961, de acordo com a FAO (Organização das Nações Unidas para a Alimentação e a Agricultura), a produtividade era de somente 1.812 litros por vaca por ano e, em 2007, o valor passou para 4.772 litros por vaca por ano. Outro fato indicativo de que o clima tropical não é o fator responsável pelos baixos índices de produtividade é a constatação de que no município de Bom Despacho (MG), a vaca média do rebanho já contribui com mais de 3.000 litros por ano.

O que justifica a melhoria da produtividade em qualquer região do mundo é a profissionalização da atividade e o entendimento de que é necessário contar com o maior número possível de vacas efetivamente em produção no rebanho. Conceitos de gerenciamento do processo produtivo são essenciais para que se consiga explorar vacas leiteiras com eficiência para a obtenção de bons índices de produtividade do rebanho.

# INVESTIMENTO POR VACA

## REVISTA BALDE BRANCO - Nº 537 - JULHO DE 2009

Nas fazendas que estão sendo trabalhadas com racionalidade, chama a atenção o fato de inúmeros produtores tomarem a decisão de procurar vacas melhores para o rebanho, sem influência direta dos técnicos que acompanham o trabalho, abandonando o conceito arraigado de matrizes mestiças rústicas, boas de carne, mas deficientes na capacidade de contribuir para o sucesso da atividade.

A consciência aparece quando os interessados passam a acompanhar o que está acontecendo por meio de índices econômicos e zootécnicos e conseguem, então, compreender a importância da produção de leite para a geração de renda e a pouca significância da criação de machos para o resultado final da avaliação econômica. Além desse aspecto, vislumbram também, a possibilidade de aumentar o fluxo de caixa de maneira a estabelecer condições mais favoráveis para melhoria do padrão de vida da família.

O conhecimento de que existe um potencial a ser explorado, estimula o produtor a procurar meios mais efetivos para atingir um objetivo que deixou de ser um simples sonho. O despertar da ambição é força significativa para adoção de conceitos novos, visando à melhoria na produtividade, para propostas de crescimento da atividade e certeza de que o caminho finalmente apareceu, podendo ser trilhado com segurança.

O fundamento mais importante da atividade leiteira é a manutenção de um número elevado de matrizes em lactação por hectare durante o ano, visando à produção de volumes elevados de leite por unidade de área. Para que o objetivo seja alcançado, é necessário que a reprodução seja regular e que as vacas apresentem boa persistência de produção, e esses dois parâmetros caracterizam uma produtora de qualidade.

Colocando mais uma vaca boa em lactação em um hectare da fazenda durante o ano, é possível acrescer a produção por unidade de área em até 8.000 litros em sistemas que utilizam pastagens, aumentando assim a capacidade de geração de renda. Este fato tem estimulado pequenos produtores a optar por rebanhos constituídos somente por vacas de qualidade, que garantem boa produção e manutenção de pelo menos 80% em lactação durante o ano.

Quando se considera a importância da qualidade da vaca para o sucesso econômico da atividade leiteira, deve-se também atentar para o fato de que o capital investido na produção de leite é muito elevado e que, sob o ponto de vista econômico, o investimento deve ser remunerado. Por ser a vaca a unidade produtiva que gera renda, pela venda de leite e produção de animais de reposição, deve-se calcular o investimento por vaca nas fazendas leiteiras e também caracterizar a capacidade de produzir recursos para pagar custos e remunerar o capital empatado.

Nos Estados Unidos é conhecido o montante investido por vaca em diferentes sistemas de produção, porque este parâmetro é considerado importante para a economia do processo produtivo e se admitem valores entre US$ 3,000.00* a US$ 9,000.00 por vaca, dependendo do sistema e do preço das terras. No Brasil esta metodologia não é levada em consideração, mas a análise do Diagnóstico da Pecuária Leiteira do Estado de Minas Gerais (2005) permitiu estimar que o valor para a fazenda média caracterizada no estudo era de R$ 13.842,00 por vaca do rebanho. Quando o cálculo é realizado para investimento médio por

* Dólar em 01.07.2009 cotado a R$ 1,9334.

vaca em lactação durante o ano, ou seja, as que efetivamente produzem renda, o montante passa para R$ 19.757,00, pois as informações permitem estimar que somente 65,4% das matrizes produziam leite durante o ano. Os números revelam uma contribuição de leite por vaca em lactação de somente 2.956 kg anualmente. Estes fatos indicam uma situação insustentável, porque não faz sentido investir tanto dinheiro em animais sem capacidade de oferecer retorno.

Pode se comparar estes dados com a situação de uma fazenda grande de 'free stall' nos Estados Unidos, onde o investimento relatado em 2008 foi de US$ 5,511.00 (R$ 10.654,97 nos dias de hoje) por vaca em lactação com 85% das vacas produzindo durante o ano e produção de 11.350 kg de leite por vaca. Evidentemente, faz sentido investimento em matrizes com boa capacidade de produção, porque contribuem com bastante leite para o sistema.

Uma análise rápida de 20 fazendas que trabalham com conceitos de produção tecnificada, participantes do Projeto Balde Cheio, indicou investimento médio por vaca em lactação de R$ 10.569,00, mas 60% das propriedades estavam abaixo deste valor e 25% apresentavam números entre R$ 3.000,00 e R$ 5.000,00. A vaca média contribuiu com 4.283 kg de leite por ano, indicando proposta de se trabalhar com matrizes de melhor qualidade e investimentos menores em cada unidade produtiva da fazenda. Com o desenvolvimento do projeto de intensificação, se observa nas fazendas trabalhadas uma tendência de investimentos menores em recursos não produtivos, atenção maior para nutrição, reprodução e sanidade, resultando em um investimento menor por vaca que participa da atividade produtiva.

# 'VACAS ORDENHADAS' NÃO DÃO LEITE

## REVISTA BALDE BRANCO - Nº 547 - MAIO DE 2010

Não se sabe quem resolveu traduzir 'milking cows' por 'vacas ordenhadas' para caracterizar a produtividade dos rebanhos brasileiros nas estatísticas oficiais, quando o termo mais apropriado seria **vacas leiteiras**. A expressão 'vacas ordenhadas' pode levar a uma interpretação equivocada, porque dá a ideia de que todas as matrizes do rebanho foram submetidas à ordenha, quando na realidade isso caracteriza a contribuição da vaca média para o total produzido. O índice é obtido pela divisão da produção pelo número de vacas existentes, desconsiderando o fato de quantas estiveram ou não em lactação durante o período.

Trata-se de uma medida universal, que revela méritos ou deficiências nos conceitos empregados para a produção de leite em uma fazenda, região ou país. Onde não há aplicação de tecnologia, esses números são pequenos, geralmente, abaixo de 2.000 litros por vaca por ano. Tomando-se como base os dados publicados pela Embrapa, o Brasil possuía em 2008 um rebanho estimado de 21.480.000 de matrizes leiteiras, que produziram 27,1 bilhões de litros por ano, resultando numa contribuição por vaca leiteira por ano ('vacas ordenhadas', segundo a tradução mal feita) de somente 1.261 litros.

O índice não aponta o número de matrizes que efetivamente produziram durante o ano, mas com base em levantamentos de campo realizados por todo o país, é possível supor que, talvez, somente 55% estivessem em lactação. Se a premissa for verdadeira, a produção das vacas que foram realmente ordenhadas seria de 2.292 litros por ano.

Esse índice, média anual por vaca leiteira do rebanho, é considerado importante e significativo para a economia do processo produtivo, porque representa a contribuição efetiva das matrizes para o total produzido num determinado período. Sob o ponto de vista ideal, uma vaca mantida durante um ano no sistema, deveria produzir por 305 dias e ficar parada por 60 dias. Por exemplo, se produzir 4.575 litros dará 15 litros por dia da lactação, mas quando se considera sua permanência no sistema durante o ano, o leite produzido deverá ser utilizado para pagar sua manutenção durante 365 dias, resultando então numa contribuição anual de 12,5 litros por dia, que seria o valor referente à produção das vacas leiteiras ('vacas ordenhadas', segundo a tradução mal feita).

Para melhor compreensão do significado desse índice, pode-se também considerar que: se a média de curral de um rebanho de 100 vacas for 15 litros; se a lactação média for de 305 dias, e se o período de repouso for de 60 dias, haverá durante o ano, 83 vacas em lactação e 17 vacas secas no rebanho. A produção diária de leite será, então, de 1.245 litros, que dividida pelas 100 matrizes existentes, resultará na média por vaca leiteira do rebanho ('vacas ordenhadas', segundo a tradução mal feita) de 12,5 litros.

A interpretação incorreta do significado do índice resulta em análises pouco realistas e impedem propostas de medidas efetivas para melhoria da produtividade do rebanho nacional. Como exemplo, o uso do melhoramento genético exigiria um tempo muito longo para obtenção de resultados, devido à complexidade da herança da aptidão leiteira, e um longo período de tempo para a parição das crias. Quando deficiências de nutrição, sanidade e conforto são sanadas, resultando em melhores índices reprodutivos com vacas de boa persistência de produção, se consegue em curto prazo, mudanças grandes nos índices de produtividade.

Um bom exemplo de sucesso é o resultado obtido por técnicos do projeto Balde Cheio, que conseguiram média de 4.160 litros por vaca leiteira do rebanho com poucos anos de trabalho e em um número grande de fazendas familiares, porque a ênfase foi sempre dirigida no sentido de melhoria do manejo. Nas melhores propriedades, o índice esteve acima de 6.000 litros, ou seja, valores similares aos relatados para rebanhos de muitos países europeus. Deve-se salientar que o trabalho, em sua fase inicial, não priorizou a genética, mas, sim, ações sobre os fatores produtivos.

Os resultados do trabalho técnico bem estruturado revelam não ser difícil alterar substancialmente os índices de produtividade dos rebanhos. Num caso real, o trabalho dos técnicos elevou, em um ano, a contribuição das vacas leiteiras do rebanho ('vacas ordenhadas', segundo a tradução mal feita) de 3.792 litros para 4.818 litros, ou seja, uma melhoria de 1.026 litros, com atuação racional em fatores produtivos, sem sofisticação ou medidas milagrosas.

Quando não existe tecnificação, os resultados são pífios, como tem acontecido com os índices indicativos da produtividade do rebanho brasileiro com o correr dos anos, pois em 1998, a vaca leiteira média contribuía com 1.082 litros, e em 2008, com 1.261 litros, ou seja, houve um incremento de cerca de 18 litros de leite a mais por ano.

Esforços por parte das instituições que atuam no setor leiteiro deveriam ser feitos no sentido de alterar a nomenclatura do índice - produção de 'vacas ordenhadas' - e na divulgação de seu significado, para que haja compreensão do que realmente contribui para a baixa produtividade do Brasil, que com o correr dos anos não consegue sair dos patamares típicos de sistemas extrativistas.

# SITUAÇÃO DA PECUÁRIA LEITEIRA NO BRASIL

REVISTA BALDE BRANCO - Nº 550 - AGOSTO DE 2010

Quem vier ao Brasil para conhecer a pecuária leiteira nacional poderá encontrar alguns sistemas de produção de confinamento total apresentando modelos de produção e resultados semelhantes aos das melhores fazendas estabelecidas nos países desenvolvidos. A evolução nos últimos anos foi muito rápida em termos de instalações, manejo e gerenciamento.

Os visitantes serão surpreendidos também, por alguns sistemas que utilizam pastagens, porque as plantas forrageiras tropicais manejadas com base em informações científicas possibilitam índices de produtividade e economicidade, muitas vezes, desconhecidos. Trabalhos de pesquisa sobre pastagens tropicais para produção de gado de leite ou corte têm mostrado que o conceito de baixa qualidade das forragens deve ser revisto. Dados econômicos e índices zootécnicos de fazendas que adotam pastejo intensivo e racionalização no aproveitamento dos recursos produtivos mostram um potencial surpreendente.

Por outro lado, a tentativa de familiarização com a realidade do país por meio de dados de levantamentos de campo publicados nos últimos anos será frustrante, com a visualização de um contraste marcante com o retrato obtido pela análise de alguns sistemas de produção selecionados.

Os levantamentos foram realizados com número elevado de propriedades rurais não selecionadas, estratificadas por produção diária e com metodologia testada e padronizada. Os dados publicados representam, portanto, a situação geral de uma pecuária leiteira que não consegue evoluir com o correr dos anos, pois as fazendas médias possuem características de baixa produtividade, típicas de sistemas extrativistas.

O esforço para reconhecer melhorias em alguns indicadores deve ser visto com cuidado, porque aumentos percentuais podem não significar muita coisa quando a base de comparação é muito baixa. Muitas vezes, os incrementos detectados podem ser atribuídos à ampliação numérica dos rebanhos, e não a uma modificação substancial em índices de produtividade dos fatores envolvidos nos sistemas de produção.

Alguns indicadores de conceitos extrativistas, adotados na maioria das fazendas, ficam evidentes quando se analisa o rebanho das propriedades consideradas leiteiras. A estrutura de produção detectada indica que, na média, nos diferentes estratos de produção somente de 23 a 30% das cabeças produzem leite durante o ano. Esta característica se perpetua com o tempo, pois foi observada em levantamentos realizados na década de 1960.

Se 70 a 77% dos animais mantidos nas fazendas não produzem leite, é possível sugerir que o produtor está mais interessado em ter um patrimônio grande na forma de animais improdutivos do que na produção de leite. A explicação para essa incoerência poderia ser o fato de que, como não conseguem produzir com eficiência por falta de tecnologia, os produtores preferem manter rebanhos grandes, visto que gado tem liquidez elevada e, no caso de apertos, a venda contribui, e muito, para a sobrevivência da atividade.

No mundo todo, a venda de animais representa cerca de 10 a 15% da renda das fazendas leiteiras, mas nas regiões mais atrasadas, como ficou caracterizado nos levantamentos, os valores podem ser elevados para 35 a 40%, indicando a importância da manutenção de rebanhos ampliados nas fazendas leiteiras que são, na realidade, propriedades de criação de bovinos.

Outra característica de produção extensiva é a baixa lotação das glebas, com índices variando de 2 a 4 cabeças por hectare. O baixo aproveitamento da terra também indica que o interesse está focado no patrimônio, pois não existe preocupação em utilizar o potencial estabelecido na propriedade agrícola e, por isso, o investimento caracterizado nas fazendas leiteiras por unidade de área é muito grande, e a produção obtida é muito pequena, não remunerando o capital empatado.

A distorção fica mais evidente quando se observa que existem poucos animais em lactação por cada unidade de área explorada, já que o número de vacas em lactação por hectare varia de somente 0,2 a 0,4 VL/ha. Assim sendo, a produção de leite por hectare por ano, uma medida de uso racional dos fatores produtivos, é muito baixa e não caracteriza uma atividade leiteira estabelecida com objetivos econômicos.

As matrizes encontradas nas fazendas leiteiras estudadas nos levantamentos são típicas de sistemas extrativistas, visto que inseminação artificial é pouco utilizada e mais de 80% dos rebanhos que empregam monta natural usam reprodutores zebuínos e mestiços e, com isso, o plantel não pode ser caracterizado como adequado para a produção de leite.

Como consequência, se observa baixa porcentagem de vacas em lactação por ano e produção por vaca do rebanho muito pequena, característica de regiões pouco desenvolvidas. Todos os problemas detectados atualmente estavam presentes nos levantamentos realizados no passado, indicando, infelizmente, estagnação nos conceitos de produção de leite.

# A VACA BOA DE LEITE

## REVISTA BALDE BRANCO - Nº 558 - ABRIL DE 2011

Não basta produzir muito em uma lactação para a vaca ser considerada boa de leite. O que se espera é que produza bem em várias lactações, a fim de possibilitar uma renda suficiente, que permita pagar custos de produção e de manutenção durante os períodos secos, e também pagar a criação das novilhas que por ventura sejam acrescentadas ao rebanho, visto que animais em crescimento não geram renda. A unidade produtiva deve garantir recursos financeiros para pagar o investimento feito em sua criação ou aquisição e, ainda, possibilitar sobras para que a atividade seja interessante.

A chamada produção na vida útil é a melhor maneira de avaliar a contribuição efetiva da vaca para a economia do processo produtivo e, portanto, seu valor para o rebanho. Exemplificando com números, uma matriz que produziu 100.000 litros de leite e 10 crias em 10 anos de vida produtiva na fazenda, gerou uma receita bruta muito significativa. Para se ter uma ideia de sua real contribuição, basta verificar que produziu, para cada dia em que permaneceu no rebanho, o equivalente a 27,4 litros ou média de 10.000 litros para cada ano em que trabalhou na fazenda.

Se a vaca tem boa produção por lactação, mas não reproduz regularmente, sua contribuição por dia de vida útil é reduzida. Se, por exemplo, uma vaca que produz 10.000 litros por lactação apresentar somente cinco crias em 10 anos irá contribuir com somente 5.000 litros por ano, sendo então menos competitiva do que uma vaca que produza por lactação 6.000 litros, mas apresente 10 crias em 10 anos de vida útil na fazenda.

A reprodução regular é a característica mais importante para que uma matriz seja considerada como boa produtora de leite, ou seja, capaz de contribuir efetivamente para a geração de renda. Quando se divide a produção por lactação pelo intervalo entre partos em dias, se obtém a produção por dia de vida útil ou a contribuição efetiva da matriz para a formação da renda.

A reprodução de vacas leiteiras depende muito do manejo. Nutrição, sanidade e conforto, significando minimização de estresse, são fatores indispensáveis para garantir a possibilidade de reprodução normal, ou seja, volta ao cio em prazo suficiente para garantir nova prenhez até 83 dias após o parto, de modo a garantir um intervalo de 12 meses. O controle da reprodução assume, então, importância fundamental para a exploração econômica e racional de matrizes para a produção de leite, mas é também imprescindível interpretar o significado da produção por dia de intervalo entre partos para a quantificação de seus efeitos sobre a geração de renda.

Tomando o exemplo citado da vaca que produz por lactação 10.000 litros e em 10 anos apresenta somente cinco crias, sua participação na geração de renda cai para 13,7 litros por cada dia que permaneceu no rebanho. Com 10 crias no mesmo período sua contribuição seria, como mencionado, de 27,4 litros, ou seja, haverá uma perda diária de 13,7 litros. Se os dados representassem médias do rebanho, e se o mesmo fosse composto por 100 matrizes, 1.370 litros deixariam de ser produzidos por dia durante o ano.

Essas contas não são feitas porque as fazendas calculam médias diárias de vacas em lactação e desprezam a produção por vaca do rebanho, um índice que poderia indicar o quanto de leite deixa de ser produzido por deficiências de reprodução, e também, a ineficiência da exploração das vacas do rebanho.

Se a vaca tem boa produção, o investimento feito na unidade produtiva pode ser lucrativo porque a contribuição de leite por dia de vida útil é significativa. Com uma produção anual de 10.000 litros de leite, a matriz teria garantido uma renda de R$ 7.500,00*, considerando um preço médio para o litro de leite de R$ 0,75, além do valor de bezerra que irá acrescentar ao rebanho. Para efeito de estimativa, pode-se considerar um valor monetário equivalente a meia bezerra por lactação, já que a expectativa é de nascimento de 50% de fêmeas. Do total da renda amealhada, deverá ser descontado o custo total de produção, para se estimar a sobra, e então, o tempo necessário e a possibilidade de pagar o investimento.

Valorizar a vaca somente pela quantidade de leite produzida numa lactação, como é usual no país, não faz muito sentido, porque a informação isolada não avalia o potencial de sua contribuição efetiva para a economia da atividade. Pagar caro por uma vaca somente porque teve uma lactação mais elevada não faz sentido, porque se não apresentar também índices bons de fertilidade deixará de contribuir para a economia da atividade, e não terá condições de pagar o investimento. Pode se imaginar o significado de pagar caro por um animal sem ter o conhecimento de seu real potencial produtivo e reprodutivo? Informações promocionais como registro genealógico, pedigree, produção por lactação ou na vida adulta, também devem ser olhadas com cuidado, quando utilizadas para avaliar se a vaca pode ser considerada como boa de leite.

---

* Dólar em 01.04.2011 cotado a R$ 1,6186.

# PRODUÇÃO AVANÇA; PRODUTIVIDADE, NÃO

## REVISTA BALDE BRANCO - Nº 561 - JULHO DE 2011

Relatórios recentes publicados pela FAO (Organização das Nações Unidas para a Alimentação e a Agricultura) indicam que o Brasil ocupava em 2008 a sexta posição entre os maiores produtores de leite do mundo. Em 2009, produziu mais que a Alemanha, tornando-se o quinto, mas, ainda, ficando distante dos três primeiros colocados: Estados Unidos, Índia e China.

Na mesma publicação, se pode ver que, num período dez anos, a produção brasileira passou de 19,6 para 29,1 bilhões de litros anuais, ultrapassando neste período, também a França, outro importante país do setor de leite. O volume da produção nacional é significativo, o ritmo de crescimento não mostra sinais de declínio e novas regiões são incorporadas ao processo produtivo a cada ano. Por tudo isso, o Brasil leiteiro tem posição de destaque em termos quantitativos.

Analisando os dados publicados, se verifica que o país tem destaque como grande, mas não como bom produtor de leite, pois a produtividade do rebanho nacional ainda tipifica a atividade como extrativista, caracterizando ausência de tecnologia no processo produtivo. De 1999 a 2009, a produtividade de vaca média nacional passou de 1.130 para 1.308 litros por ano, ou seja, um incremento médio anual de apenas 17,8 litros por vaca por ano, o que representa 49 gramas de leite por dia.

O fator responsável pela grande expansão na produção nacional foi, sem dúvida, a incorporação de mais vacas e terras ao processo produtivo, pois no mesmo período, o número de matrizes incorporadas foi de 4,8 milhões de cabeças. Dentre os maiores produtores de leite, o Brasil tem o segundo maior rebanho de vacas, sendo ultrapassado somente pela Índia que possuía 38,5 milhões de cabeças em 2009, ao passo que o Brasil mantinha 22,2 milhões.

Para se ter um termo de comparação com outros importantes produtores, a Rússia, que se mantém na quarta posição em termos de produção anual, revelava 8,7 milhões de vacas; a Alemanha, colocada na sexta posição, 4,2 milhões de matrizes, e os Estados Unidos, produzindo 85,8 bilhões de litros, o primeiro colocado, com 9,2 milhões de vacas.

É possível afirmar que grande parte do aumento do rebanho de vacas foi feito com animais que possuem características típicas de gado de corte, ou seja, apresentam baixa persistência de produção e produzem pouco leite na lactação. Os levantamentos publicados recentemente sobre a situação da pecuária de leite em diferentes Estados da federação mostram claramente que mais de 75% das matrizes possuem elevado grau de sangue zebuíno e que mais de 80% das fazendas adotam monta natural, com reprodutores comuns azebuados, o que resulta em matrizes sem aptidão leiteira, mantidas em condições desfavoráveis de nutrição, saúde e conforto, fato que mantém a produtividade em patamares muito baixos. A produção média por vaca do rebanho no Brasil, considerando os dados publicados pela FAO, era de somente 3,5 litros por dia em 2009.

Existem hoje, evidências, de que é possível reverter a situação da pecuária leiteira com a introdução de conceitos corretos de tecnologia. Trabalhos de assistência técnica bem estruturada revelam que, com a introdução de pastejo rotacionado, fornecimento racional de concentrados e minerais, ênfase em reprodução, planejamento do processo produtivo e controle de gastos e rendas, é possível incrementar a produção e a produtividade de fazendas familiares sem grandes investimentos ou sofisticação.

Por exemplo, resultados obtidos na região Nordeste do Brasil, sem substituição de matrizes, mostraram que foi possível elevar a produção por vaca do rebanho por ano de 2,8 para 6,7 litros em três anos de trabalho, o que corresponde a passar de 1.022 para 2.445 litros por vaca do rebanho por ano. A produção diária média foi elevada no período de 169 para 350 litros, garantindo um fluxo de caixa de R$ 4.432,00* por mês em área de 13,0 ha.

Resultados mais significativos poderiam ser obtidos se a fazenda utilizasse matrizes melhores, pois não foi possível elevar a porcentagem de vacas em lactação para valores acima de 69%, indicativa de baixa persistência de produção, e que levava à perda de quase 50 litros por dia, considerando nessa estimativa a mesma produtividade por vaca do rebanho e porcentagem ideal de 83% de vacas em lactação.

Quando os trabalhos são realizados com matrizes com aptidão leiteira, os resultados econômicos obtidos são surpreendentes e os índices que caracterizam produtividade são consideravelmente elevados. Em sistemas de pastagens, tem sido possível obter, em número grande de fazendas, produções por vaca do rebanho por ano de 4.000 a 6.000 litros, valores semelhantes aos obtidos por propriedades de regiões desenvolvidas.

Estes fatos mostram que considerar qualquer vaca que reproduz como

* Dólar em 01.07.2011 cotado a R$ 1,5591.

leiteira para manter um rebanho grande, mas não qualificado, não é uma proposta adequada para um país que ambiciona e pode ser grande e bom produtor de leite. Condições e meios para alcançar uma posição de destaque estão latentes em todas as regiões leiteiras do Brasil, mas devem ser adequadamente manipuladas.

# AVALIAÇÃO DA FAZENDA

## REVISTA BALDE BRANCO - Nº 571 - MAIO DE 2012

Um dos fatos indicativos de que a pecuária leiteira do Brasil está realmente evoluindo é a preocupação existente de se estabelecer em algumas propriedades uma avaliação do sistema de produção implantado. O gerenciamento é, hoje, um tema amplamente discutido, e várias propostas para a administração eficiente do processo produtivo têm sido apresentadas, inclusive, em reportagens publicadas na **Revista Balde Branco.** A finalidade não é só informar, mas também contribuir com a difusão de modelos de como avaliar o resultado da exploração de bovinos para a produção de leite.

Para citar alguns exemplos, a edição de número 564 de outubro de 2011 da mencionada revista, apresentou um artigo sobre comparação entre fazendas leiteiras, apresentando um conceito de avaliação de propriedades com estabelecimento de 'benchmarking'*. Na edição de número 568 de fevereiro de 2012 da mesma revista, uma reportagem bastante ilustrativa relatou uma proposta inovadora, muito interessante, de ferramentas de gestão para o produtor de leite, implantada pela Itambé (Cooperativa Central dos Produtores Rurais - CCPR), sediada em Belo Horizonte (MG), que apresenta indicadores para uma avaliação mais apurada do desempenho financeiro e econômico da atividade leiteira.

Apesar da divulgação e da adesão cada vez maior de proprietários interessados em administrar bem a produção de leite, ainda permanecem algumas propostas baseadas na avaliação somente de dados pouco representativos e sem a apresentação de resultados econômicos. São geralmente utilizadas para mostrar a evolução de uma fazenda ou as vantagens de uma raça, mas na realidade não possibilitam um entendimento mais aprofundado da qualidade dos

* Benchmarking - processo pelo qual se observa, aprende e melhora, podendo ser aplicado a qualquer área de atividade organizacional.

rebanhos ou da racionalidade do trabalho executado.

Geralmente, a ênfase é dada aos índices que não permitem uma estimativa real da eficiência ou da produtividade da fazenda. Por exemplo, média de produção de vacas em lactação ou produção total na lactação, quando apresentadas isoladamente, tem somente valor promocional, pois não permitem estimar o potencial do sistema para gerar receita, nem a maneira como os recursos produtivos rebanho e solo são utilizados.

Quando, junto com esses dados, são também revelados valores de período da lactação e intervalo entre partos, pode-se estimar a qualidade do rebanho, calculando a porcentagem de vacas em lactação por ano e a produção por vaca do rebanho, índice que mostra a contribuição efetiva das matrizes para a produção de leite. Por exemplo, uma fazenda com vacas produzindo 3.000 kg em 250 dias de lactação (12 kg por dia), e intervalo entre partos de 365 dias terá trabalhado com somente 68,5% das vacas em lactação no ano, e a produtividade do rebanho será de 2.055 kg por vaca do rebanho por ano, equivalente a somente 5,6 kg por dia. Nessa situação, se o fazendeiro possuir 100 vacas, deixará de produzir cerca de 120 litros por dia, porque o rebanho e o manejo não permitem manter 83,3% de vacas em lactação, o que se consegue com período de lactação de 10 meses e intervalo entre partos de 12 meses. Essas informações adicionais permitem também estimar o número de vacas em lactação por hectare, se for conhecida a área efetivamente utilizada, índice fundamental para a definição do potencial produtivo do rebanho e do solo. Seria importante apresentar, também, o resultado econômico para avaliação mais acurada.

Algumas vezes, existe apresentação somente de dados econômicos, sem a divulgação de índices zootécnicos e de produtividade dos fatores de produção utilizados no sistema, e assim, não será possível uma apreciação de como a fazenda foi conduzida. A simples análise de custos e receitas não revela os fatores determinantes de sucesso ou fracasso da fazenda produtora, mas se algumas informações forem interpretadas, podem dar a ideia, se existe racionalidade na condução do sistema. Por exemplo, a relação entre a despesa com custeio e a receita bruta mostra se os gastos foram excessivos ou adequados para a produção obtida e a receita gerada no sistema, e assim, ajuda a explicar algumas dificuldades enfrentadas nas fazendas.

Informações isoladas, muitas vezes, não permitem estimar o grau de ineficiência no uso dos fatores de produção ou gastos excessivos em fatores não produtivos, fatos que oneram o sistema sem contrapartida na receita. Por esse motivo, a associação de dados econômicos com índices de produtividade e zootécnicos possibilita uma visão mais realista dos resultados obtidos.

O importante na avaliação é a interpretação correta e o significado das informações anotadas. Muitas vezes, os dados são cuidadosamente coletados, processados em programas de computador que disponibilizam índices de várias naturezas, mas não se faz uma análise detalhada quanto à eficiência do sistema na exploração dos fatores de produção. A falta de entendimento do significado de alguns índices zootécnicos certamente contribui para que não exista uma compreensão realista dos acontecimentos, porque o produtor passa a valorizar informações que não ajudam a explicar o resultado obtido.

# CONTROLE DA FAZENDA LEITEIRA

## REVISTA BALDE BRANCO - Nº 579 - JANEIRO DE 2013

É fato reconhecido que entender o que se passa no processo produtivo tem grande importância para a produção de leite com racionalidade e, consequentemente, para a obtenção de resultados econômicos.

Quando a produção tem caráter extrativista, não existe preocupação com medidas de controle que são, muitas vezes, consideradas perda de tempo e, por isso, nenhum dado é coletado na fazenda. Por outro lado, algumas vezes, são encontradas propriedades que adotam sistemas sofisticados de anotação de informações, mas não as utilizam para o estabelecimento de estratégias para a melhoria da eficiência da exploração do rebanho mantido na fazenda.

No início da década de 1980, um produtor vendeu sua fazenda porque estava idoso, os herdeiros não tinham interesse em continuar com a produção de leite e, por isso, ofereceu à universidade os dados que coletou de maneira sistemática durante um período de 20 anos em sua fazenda. Na época, não existiam computadores individuais, e tudo era feito à mão, em fichas especialmente confeccionadas para a fazenda, e tudo era mantido com muito capricho. Quando se procurou saber como eram utilizados os dados, o fazendeiro respondeu que nunca tinha usado as informações para auxiliar na administração da fazenda, e que mantinha o ritual porque leu que era importante manter essa atividade na fazenda. Este fato revela que não tem sentido possuir dados sem a devida interpretação e a consequente utilização dos mesmos para orientar possíveis mudanças de rumo na exploração das vacas leiteiras.

Levantamentos sobre a situação da pecuária leiteira na região Sudeste do país publicados em 2009 e 2010, revelaram que nos principais Estados produtores, somente 20 a 27% das propriedades mantinham anotações sobre receitas e despesas.

A informação não é surpreendente quando inserida no contexto geral das pesquisas, pois inúmeras características de produção extrativista são encontradas como, por exemplo, o fato de o uso da monta ser natural em mais de 82% das propriedades, e que, menos de 20% utilizavam touros de raças especializadas. Dados sobre o processo reprodutivo, um dos fatores mais importantes para a produção econômica de leite, indicaram que um número muito pequeno de fazendas mantinha algum controle de informações referentes a partos, nascimentos, problemas reprodutivos, etc.

Resultados econômicos em produção de leite dependem da obtenção de receita suficientemente grande para cobrir custos operacionais e totais, e no mundo todo, o leite contribui com mais de 90% do dinheiro gerado na fazenda. Assim, o controle e o planejamento da produção assumem grande importância para qualquer sistema de produção.

Nos levantamentos mencionados anteriormente, foi verificado que no máximo 30% das propriedades adotavam o controle leiteiro, indicando assim o amadorismo presente na maioria das fazendas, que não tinham condições de saber como se comportavam as vacas dentro do sistema de produção adotado.

O controle leiteiro surgiu na Europa no final do século XIX e possibilitou avanços consideráveis, pois permitiu conhecer cada unidade produtiva da fazenda, a separação de animais por lote de produção e o estudo da produtividade do rebanho por meio do cálculo da produção por vaca do rebanho por ano. A atividade é simples, pois requer a pesagem a cada 30 dias do leite produzido por cada matriz, fato que possibilita a caracterização da produção, da composição e qualidade do leite. Não se mede a produção por volume, mas, sim, por peso, porque é de mais fácil execução.

A identificação de animais com baixa persistência de produção, talvez, seja o fato mais relevante do controle leiteiro, já que esta característica, associada à reprodução, determina a porcentagem de vacas em lactação no ano, um dos índices mais importantes para a melhoria da produtividade dos rebanhos.

Este índice pode ser de grande utilidade para nortear a escolha de animais para o descarte voluntário, visto que será fácil identificar animais com períodos de lactação curtos, que contribuem decisivamente para manter baixa a produtividade do rebanho e, consequentemente, pequena, a capacidade de geração de receita.

O controle leiteiro não pode ser seletivo, por meio da escolha dos melhores animais para representar o rebanho, porque, assim, o produtor estará colhendo informações de lactações encerradas, que poderão ser usadas somente em propaganda para a venda de reprodutores, mas não terá um retrato fiel de como se comportam as vacas durante a lactação.

Infelizmente, no país, o controle leiteiro oficial iniciou com base no controle seletivo, pois os criadores consideravam um custo elevado para sua execução e muitos utilizavam os dados para criar uma falsa imagem do rebanho. Quando executado com critério, o controle leiteiro poderá ser realizado mesmo por fazendas que não fazem o registro genealógico, objetivando dados para entendimento, planejamento e melhoria do processo produtivo.

# RESPONSABILIDADE É TODA DAS VACAS EM LACTAÇÃO

## REVISTA BALDE BRANCO - Nº 585 - JULHO DE 2013

A responsabilidade das vacas em lactação é muito grande. Isso porque, na maioria das fazendas de todo o mundo, de 90 a 95% da receita é proveniente da venda de leite. A vaca deve produzir para pagar despesas relacionadas com a produção de leite, manutenção de animais que não geram receita, gastos com investimentos, e também garantir sobras para cobrir as depreciações, remunerar o capital empatado e o proprietário, e possibilitar lucro.

Mesmo nas fazendas especializadas em vendas de reprodutores de alto padrão, a participação do leite na formação da receita é considerável, e sua contribuição é importante para criar condições favoráveis à manutenção do sistema. As vacas lactantes devem garantir recursos suficientes para pagar todas as despesas e possibilitar um fluxo de caixa positivo, como se observa nas fazendas de produção de leite bem conduzidas, facilitando a administração e garantindo um resultado satisfatório da atividade.

O ser humano precisa oferecer à vaca condições favoráveis para que possa cumprir sua importante missão. Para produzir, as matrizes devem parir, e por isso é necessário que o manejo seja correto, oferecendo nutrição adequada, não estejam submetidas a estresse e mantendo-as livres de doenças e parasitos.

Planejamento criterioso e controle constante e efetivo dos fatores que interferem no processo reprodutivo devem ser implantados na fazenda para que se tenha uma condição realista, a fim de incrementar a produção de leite. A contribuição mais efetiva da vaca para a geração de receita ocorre quando o intervalo entre partos é de 12 meses e o período de lactação é de 10 meses, porque nessa situação a produção de leite por dia de intervalo entre partos se aproxima da produção por dia de lactação.

A receita da produção de leite deve cobrir também o período de descanso, no qual a vaca está seca, porque as despesas da fazenda não cessam; por isso, o cálculo da contribuição efetiva é feito dividindo-se a produção pelos dias de intervalo entre dois partos. Para saber a capacidade real de geração de receita do rebanho basta dividir a produção pelo total de vacas (secas e em lactação), obtendo-se o índice produção por vaca do rebanho que é a estimativa da produção por dia de intervalo entre partos e uma avaliação correta da quantidade de leite disponível para as despesas.

A capacidade de prover recursos para o sistema de produção logicamente depende do maior número possível de vacas em lactação por ano. Quando o intervalo entre partos do rebanho é de 12 meses e o período de lactação de 10 meses, 83,3% das vacas darão leite durante o ano.

Se as matrizes não apresentarem persistência de produção e derem leite por oito meses, como acontece com frequência com gado não especializado, somente 67% das vacas produziriam durante o ano e, assim, a capacidade de gerar receita seria baixa e as vacas lactantes trabalhariam para sustentar um volume muito grande de animais improdutivos, visto que o número de vacas secas aumentaria consideravelmente.

Os custos de manutenção são altos em sistemas de produção de leite. A situação fica bem mais complicada quando se trabalha com matrizes que apresentam baixa persistência de produção e o intervalo entre partos é ampliado, como ocorre com frequência nas fazendas leiteiras do Brasil, trazendo como resultado somente 60% das matrizes em lactação durante o ano, o que reduz consideravelmente a disponibilidade de recursos para o pagamento das despesas do sistema de produção. Esta situação ocorre quando o rebanho é constituído por gado cruzado sem características de especialização, resultando em sistemas inadequados para bons resultados econômicos.

Se as vacas são responsáveis por quase toda a receita da fazenda, deve-se manter no rebanho uma elevada proporção de matrizes com persistência de produção para que seja possível trabalhar com uma quantidade elevada de animais em lactação por ano. Fazendo-se o cálculo do número necessário de novilhas para uma reposição satisfatória, se chega à conclusão de que no rebanho, as vacas devem perfazer pelo menos 60% do total de animais e, com manejo adequado, um mínimo de 50% dos bovinos mantidos na fazenda deve produzir durante o ano.

Levantamentos sobre a composição dos rebanhos brasileiros indicam que as vacas perfazem somente de 30 a 40% e, como a porcentagem de vacas em lactação não é alta, somente 20 a 30% do rebanho efetivamente produz leite, o que leva a uma pequena disponibilidade de recursos financeiros para fazer frente às despesas da fazenda. É aí que a atividade leiteira passa a ter fama de não ser um bom negócio sob o ponto de vista econômico.

Reconhecer que as vacas em lactação são responsáveis pela geração de receita, pagamento das despesas e pelo sucesso da atividade cria a consciência de que é necessário estabelecer condições para que um maior número possível delas participe da difícil tarefa de produzir. A lactação é uma atividade esgotante, que exige muito do animal e, por isso, atenção especial deve ser dispensada á vaca que produz leite.

# 'VACAS ORDENHADAS' DO BRASIL DÃO POUCO LEITE

## REVISTA BALDE BRANCO - Nº 596 - JUNHO DE 2014

Quando se compara dados de estatísticas oficiais sobre a contribuição anual da vaca média para o total de leite produzido no Brasil, com os de outros países ou regiões localizados no continente americano, se evidencia uma incômoda inferioridade, que se acentua ainda mais, frente a indicadores de países onde a pecuária leiteira é considerada evoluída.

Na lista de produtividade das vacas de todos os países e regiões do mundo, publicada pela FAO (Organização das Nações Unidas para a Alimentação e a Agricultura) referente ao ano de 2012, é possível observar que a vaca média do mundo contribuiu com 2.318 kg de leite no ano; a da América do Sul, com 1.816 kg; a da América Central, com 2.405 kg; a da América do Norte, com 9.744 kg; a do Caribe, com 1.488 kg, enquanto a do Brasil, somente com 1.114 kg. Nos dados estatísticos, verifica-se que a matriz nacional teve desempenho inferior ao relatado para todos os países da América do Sul, com exceção da Colômbia e das Guianas.

O valor sempre muito baixo relatado ao longo dos anos para o Brasil tem sido equivocadamente considerado como média de vacas em lactação, porque o IBGE (Instituto Brasileiro de Geografia e Estatística) publica a informação com a denominação inapropriada de produção das 'vacas ordenhadas', quando na realidade o número caracteriza a contribuição da vaca média para o total produzido, e não das vacas lactantes. O índice é obtido a partir da divisão da produção pelo número total de vacas existentes em uma fazenda, em uma região ou em um país, ou seja, a soma de vacas em lactação e de vacas secas.

A produção por vaca por ano, uma medida universal usada em estatísticas oficiais, que revela méritos ou deficiências nos conceitos empregados para a produção de leite, é menor que a obtida na lactação porque a média considera as vacas secas, e quando não há aplicação de tecnologia e gerenciamento da produção os números são pequenos, sempre abaixo de 2.000 kg. Este valor foi relatado para a vaca média da Dinamarca em 1898 e para a dos Estados Unidos em 1930.

A dificuldade de se obter um crescimento vigoroso na produção por vaca por ano no Brasil deve ser atribuída à conceituação distorcida de como produzir leite, de uso de índices inadequados para a avaliação de produtividade e à interpretação incorreta do significado de produção por vaca por ano, que resulta em análises pouco realistas e impedem medidas efetivas para a melhoria do desempenho do rebanho nacional.

Levantamentos de campo conduzidos em vários Estados revelaram uma estrutura de produção de leite inadequada, com controle negligenciado dos fatores de produção e uso de matrizes rústicas com baixa aptidão leiteira, percentual de vacas em lactação entre 50 e 60% e, por isso, o crescimento da produção por vaca por ano tem sido pífio ao longo do tempo.

Existe também valorização da média das vacas em lactação, que isoladamente, não indica produtividade dos rebanhos. O desconhecimento de índices importantes, como produção por vaca por ano e número de vacas em lactação por hectare, impede de se caracterizar deficiências na capacidade produtiva dos rebanhos.

Um exemplo simples pode ajudar a entender o significado real do índice produção por vaca por ano e sua importância para caracterizar a capacidade produtiva da fazenda ou país. Para tanto, basta considerar que num rebanho de

100 vacas com produção de 15,00 kg de leite por dia, somente 50 produzam no ano, havendo, então, 750 kg de leite por dia, e a média de produção diária por vaca total seria de 7,50 kg, o que representa uma produtividade de 2.737 kg de leite por vaca por ano. Se 83 vacas produzissem no período, a quantidade diária seria de 1.245 kg e a média diária por vaca total passaria a ser 12,45 kg e a produção por vaca por ano, de 4.544 kg. Portanto, o índice não depende somente da produção das vacas em lactação, mas também da porcentagem de vacas em lactação por ano, que é afetada pela reprodução e pela persistência de produção. Para reproduzir e produzir bem, é necessário garantir nutrição, sanidade e conforto, e também, utilizar o descarte para melhorar o rebanho.

Trabalhos conduzidos por técnicos competentes têm mostrado que resultados significativos e rápidos podem ser obtidos quando são priorizadas ações sobre os fatores produtivos, com adoção de manejo adequado e ênfase na melhoria da porcentagem de vacas em lactação durante o ano.

Num caso real, uma fazenda apresentava 73,1% de vacas em lactação com média de 11,5 kg e produção por vaca por ano de 3.068 kg. Três anos depois, com o mesmo rebanho e sem o uso de medidas sofisticadas ou milagrosas, a porcentagem de vacas em lactação subiu para 82,2%, a média de produção diária das vacas em lactação passou para 17,4 kg, e a produção por vaca por ano para 5.220 kg, ou seja, um aumento de 2.152 kg.

Ações deveriam ser adotadas para alterar a atual nomenclatura do índice produção de 'vacas ordenhadas' e para que o significado de produção por vaca por ano seja divulgado e reconhecido como importante na avaliação da atividade leiteira. Só assim, a produção por vaca por ano poderá sair do patamar típico de sistemas extrativistas, e o Brasil, além de ser considerado grande, também será visto como um país de boa produção de leite.

# PENSANDO O LEITE - VOLUME III
# MANEJO

# CORTA A RAÇÃO DA VACADA

## REVISTA BALDE BRANCO - Nº 338 - DEZEMBRO DE 1992

A ordem transmitida aos funcionários das fazendas produtoras de leite é clara e inequívoca. Na hora da crise, das dificuldades financeiras, o produtor geralmente toma a decisão de diminuir gastos e a primeira providência é fazer economia no uso de ração de concentrados. É verdade que a medida pode alterar uma situação que estava ficando insustentável e trazer certo alívio momentâneo. Entretanto, como toda ação que atua sobre o efeito e não sobre a causa, não será capaz de modificar, em longo prazo, as dificuldades enfrentadas pelas fazendas produtoras. Além disso, deve-se atentar para o fato de que existem riscos para o estabelecimento de subnutrição e seus efeitos mais pronunciados só serão sentidos no ano seguinte, quando o processo reprodutivo alterado irá promover uma modificação definida na estrutura do rebanho. O resultado certamente será percebido no momento da formação da cota e no fluxo de caixa, que poderá trazer dificuldades operacionais sérias para o fazendeiro.

A decisão de cortar a ração da vacada talvez seja, à primeira vista, uma medida acertada, já que os alimentos concentrados são responsáveis por cerca de 20 a 30% do custo total de produção, de acordo com as planilhas publicadas. Assim sendo, o objetivo será alterar o item de maior representatividade na formação do custo, mas o criador não pode esquecer de que existem outros fatores que respondem por 70 a 80%.

Um controle efetivo e uma análise criteriosa do processo produtivo poderão mostrar que a ação deverá também ser estendida para a redução nos gastos, através do aumento da eficiência no uso dos fatores produtivos e da racionalização no emprego de insumos. É surpreendente observar que em certas fazendas de 15 a 20% do leite produzido não é vendido, revelando uma situação difícil quando existe necessidade de elevação de cota ou de receita. O desperdício do leite utilizado na alimentação de machos e o uso excessivo na criação de novilhas reduzem a quantidade de leite comercializado e provocam prejuízos fáceis de serem demonstrados.

A necessidade de cortar a ração é determinada pelo fato de que esse complemento alimentar é geralmente usado para elevar a produção, quando na realidade deveria ser empregado para suprir deficiências. Pastos estabelecidos em terras pobres, capineiras passadas e fenos e silagens de baixa qualidade levam à utilização abusiva de concentrado para a obtenção de produções mais elevadas. Se o volumoso for de boa qualidade, a ração pode ser empregada mesmo quando o mercado sofre alterações pronunciadas.

A vaca recordista que produziu 25.269 kg de leite em 365 dias dando no pico, em duas ordenhas, 89 kg por dia, consumiu concentrado na proporção de 1:3, porque o feno da dieta era de excelente qualidade. Não é difícil demonstrar que para suplementar silagens de milho de baixa qualidade, contendo pequena quantidade de grãos, há a necessidade de adicionar de 20 a 30% mais ração para obtenção do mesmo resultado. Assim sendo, na hora do aperto, é natural que seja dada a ordem de cortar o concentrado dos rebanhos.

Racionalizar o processo produtivo deveria ser a ordem passada para a fazenda, pois só assim será possível promover uma estabilização do sistema. Uma produção equilibrada durante o ano, leite de boa qualidade e custos controlados e analisados podem garantir um resultado favorável e condizente com as necessidades da fazenda. Mudanças nos sistemas de produção talvez sejam também necessárias, pois propostas de operações com custos elevados só podem ser estabelecidas quando os preços dos produtos são também elevados.

O uso intensivo de pastagens proporciona produções mais modestas por animal, mas poderá permitir margens líquidas mais significativas, viabilizando a produção. Se a fazenda se transformar em empresa, será capaz de permanecer sempre em atividade, ganhando muito nas épocas favoráveis e, quem sabe, pouco, quando os retireiros das outras fazendas cortarem a ração da vacada tentando sair do vermelho. Nos momentos de dificuldade os ganhos podem ser pequenos, mas são suficientes para permitir a espera de dias melhores no futuro.

# É DANDO QUE SE RECEBE

## REVISTA BALDE BRANCO - Nº 340 - FEVEREIRO DE 1993

A proposta de que é preciso dar para receber é bastante conhecida de todos os brasileiros, pois já serviu de base para a sustentação de governantes; é empregada para a obtenção de favores e vantagens e, quando bem utilizada, pode ser a chave para o sucesso de muitos empreendimentos. No meio urbano é reconhecida e tem larga aplicação, mas no rural é pouco comentada e raramente posta em prática por produtores de leite, talvez porque a conotação pejorativa seja mais forte que o sentido real da proposta.

Produzir leite não é uma tarefa muito fácil para as vacas leiteiras, pois a atividade exige absorção de princípios nutritivos, síntese de compostos orgânicos e mobilizações de reservas do corpo. Para dar leite a vaca precisa receber uma alimentação equilibrada, que possibilite a execução de uma tarefa bastante complexa, sem a ocorrência de desgaste do organismo.

Quando faz esforço para dar, sem receber o suficiente, a vaca produz pouco, emagrece, perde resistência orgânica, pode secretar leite alterado e apresenta reprodução irregular. Tudo isso acontece porque, no início da lactação, o metabolismo do animal é todo dirigido no sentido da glândula mamária e a vaca se desgasta para executar a tarefa. Gastando mais do que tem, a vaca passa por dificuldades e o resultado é previsível. Por outro lado, quando recebe o que tem direito, o animal, apresentando reprodução regular e aumentando a produção, passa a contribuir muito mais para a formação da receita bruta da fazenda.

É possível caracterizar propriedades que, sem mudar o rebanho, mas alterando profundamente o manejo, conseguiram triplicar ou mesmo quadruplicar a produção anual. Os produtores evoluídos sabem que cerca de 70 a 80% dos resultados obtidos pelas fazendas devem ser creditados ao bom trato oferecido às vacas leiteiras. O progresso fantástico alcançado nas regiões de pecuária evoluída é atribuído à aplicação de tecnologia no setor, melhorando as condições de manejo do rebanho. Na troca entre dar e receber deve haver sempre um saldo positivo, logicamente no sentido do produtor. É também bastante importante considerar que quem ganha tem que ter condições de retribuir o benefício recebido. Se esses princípios forem observados, torna-se possível entender porque vacas de bom potencial, saudáveis e bem nutridas podem ser exploradas economicamente. Quando a vaca recebe, passa a ter a responsabilidade de pagar, tendo então a obrigação de gerar receitas suficientes para cobrir todos os custos e oferecer ao produtor algo em troca do que ganhou. Esse é o princípio da pecuária leiteira racional, praticada por fazendeiros nos mais diferentes sistemas de produção.

No mundo todo a vaca leiteira é reconhecida como o animal doméstico com maior potencial para retribuir o que recebe do homem. Produzindo leite e bezerros com eficiência, coloca a pecuária de leite intensificada e bem administrada, em condições de competir e ganhar de outras atividades agropecuárias. As vacas leiteiras apresentam boa conversão alimentar e, gerando uma cria por ano, são capazes de proporcionar um número elevado de animais para a venda.

Num rebanho estabilizado de 100 matrizes, o produtor será obrigado a vender pelo menos 45 fêmeas por ano. Essa atividade pode contribuir para a formação de uma boa receita, mesmo considerando que alguns animais vão para o abate e que os machos, no momento atual, dificilmente podem ser criados por motivos econômicos. Se os conceitos adotados pelos sistemas de produção forem compatíveis com os preços oferecidos ao leite e aos animais a serem vendidos, a atividade leiteira pode se tornar viável. Dar para receber, investir para ganhar e administrar para obter são propostas aplicáveis a qualquer atividade econômica, até mesmo à pecuária leiteira. O que não faz sentido é tentar conseguir sem nada fazer, dar o que não pode ser dado, esperar o que não tem condições de ser obtido e acreditar que somente preços elevados são capazes de transformar o setor leiteiro do país.

# "NUM DÁ PRÁ ACREDITÁ NO CAUSO"

## REVISTA BALDE BRANCO - Nº 345 - JULHO DE 1993

Quem fala demais corre o risco de ser mal interpretado, de cometer uma gafe, ou de ser chamado de mentiroso. Assim aconteceu, tempos atrás, com um expansivo trabalhador de uma fazenda leiteira, que contou a seus companheiros a conversa que acabara de ouvir: uma vaca havia produzido em duas ordenhas quase 90 litros de leite e, durante o ano, cerca de 25 toneladas do produto. Para resgatar sua reputação de homem sério, foi obrigado a mostrar a todos uma revista com dados e fotografia de uma vaca belíssima, grande e de úbere bem feito, que havia realizado uma proeza considerada impossível por aqueles que labutavam há tanto tempo na ordenha de vacas de leite. Para quem considerava espantosa a produção de 30 litros, o caso contado foi recebido com dúvidas e chacotas.

Recentemente chegou a notícia de que outra vaca, não tão bela como a mencionada, havia produzido em três ordenhas uma quantidade de leite suficiente para encher dois latões de leite acima do nível, e que durante o ano a produção média daria para completar quase que um latão e meio por dia. Não é fácil acreditar em fatos como esses, pois a produção conseguida é equivalente à obtida por um rebanho de 35 ou 38 vacas médias do rebanho brasileiro. O fato fica mais inverossímil quando a notícia revela que durante a lactação a vaca passou por febre do leite, deslocamento do abomaso, dois surtos violentos de mastite e, ainda, esteve o tempo todo junto com suas companheiras em um galpão de confinamento tipo 'free stall'. Sem receber tratamento especial, comendo a mesma ração completa oferecida ao rebanho, a vaca foi capaz de ultrapassar o que se considerava impossível, ou seja, produziu 26,5 toneladas de leite em 365 dias.

Ultrapassado o espanto, voltando à realidade, o produtor deve meditar sobre o que foi dito com relação à fazenda que conseguiu o recorde. O proprietário reconheceu que, apesar de trabalhar com sêmen de touros provados, o aparecimento de um animal com capacidade de ingerir alimento suficiente para produzir tanto leite pode ser considerado com um caso de sorte. O manejo da fazenda foi realizado por indivíduos que tiveram sensibilidade para oferecer conforto e atenção especial não a uma vaca, mas ao rebanho como um todo, analisando cada detalhe e considerando todos como igualmente importantes para o sucesso da operação. Não foram utilizados alimentos nem aditivos especiais e o resultado foi atribuído ao emprego de volumosos de boa qualidade. Uma atenção especial foi dedicada à ordenha, pois dela depende a produção de leite da fazenda. Os donos realizaram todos os serviços de rotina e, por isso, conseguiram identificar desde a primeira lactação que a novilha era diferenciada. O trabalho familiar, a especialização, a procura constante da produtividade e o controle da produção são características de fazendas de países desenvolvidos.

Nada de mágico, de misterioso ou de complexo foi ou é empregado em fazendas que conseguem resultados espantosos com objetivos econômicos. Muitas vezes, não é fácil aceitar uma proposta de simplicidade, quando a procura de resultados é feita através de projetos, práticas e tentativas nem sempre racionais. A falta de consideração para com o todo, o desprezo pela economia do processo produtivo, e a individualização de animais de destaque deturpam a atividade.

Por esses motivos, índices importantes como a média por vaca do rebanho por ano não são empregados, por revelar de maneira clara e inequívoca a ineficiência do sistema de produção. Assim sendo, ênfase é sempre dada à produção diária das vacas do curral e ao resultado da lactação encerrada. Nenhuma dessas informações permite analisar a eficiência ou a rentabilidade do setor.

Enquanto o leite for associado à composição mágica, ao uso abusivo de concentrados, a alta produção à vaidade e a venda de animais representar o grande negócio da atividade, fatos como os ocorridos na fazenda americana continuarão a ser considerados como mentiras nas fazendas do Brasil. Existem expectativas de que o recorde da vaca 'Tullando Royalty Maxima' será quebrado dentro de muito pouco tempo. Dá para acreditar?

# GENÉTICA AMERICANA, PRODUÇÃO BRASILEIRA

## REVISTA BALDE BRANCO - Nº 356 - JUNHO DE 1994

Quando um resultado não parece condizente com a lógica ou com a expectativa gerada por uma proposta aparentemente racional, diz-se que, na prática, a teoria é outra. A existência de diferenças acentuadas entre o conseguido e o esperado pode gerar desânimo, revolta ou, então, uma série de especulações tentando justificar o que parece não ter sentido, mas que aconteceu.

A busca da explicação pode ser dirigida para o conhecimento acumulado por longos anos de prática, mas nem sempre houve fato similar no passado. Teorias novas podem contribuir para aumentar o mistério, porque a suposição criada pela imaginação pode não justificar resultados novos, opostos aos detectados anteriormente.

A constatação de produções relativamente baixas em rebanhos importados tem intrigado produtores de leite de todo o Brasil. As vacas de boas linhagens, comendo dietas semelhantes àquelas do país de origem e mantidas em sistemas copiados no exterior, geralmente produzem abaixo da média do país de origem. Justificativas derivadas do velho e arraigado complexo atribuem o fato ao calor, à diferença nas variedades de milho usadas para a produção de silagem, à umidade que impede a produção de feno e a outros problemas das regiões tropicais. É aparentemente fácil justificar o insucesso pelos fatores do meio, mas fica difícil explicar casos isolados de resultados surpreendentes.

O uso do conceito técnico-científico pode contribuir para o esclarecimento das dúvidas e do mistério. Inicialmente, deve-se atentar para o fato de que, no cálculo da média, existem rebanhos com produções acima e abaixo e que, portanto, nos países de pecuária evoluída também são encontradas fazendas com resultados medíocres, que são vizinhas e bastante semelhantes às produtivas. Esse fato é detectado porque produção por vaca é um reflexo do manejo, e alguns produtores não conseguem manipular de modo correto todos os fatores que influenciam o processo produtivo. Diferenças de produção observadas entre rebanhos americanos são geralmente atribuídas à qualidade do alimento volumoso. Teor de matéria seca alto, quantidade de grãos e compactação bem feita da massa ensilada são fatores importantes para obtenção de silagens de milho de boa qualidade. Idade da planta no momento do corte e desidratação até o teor indicado são pontos fundamentais para garantir valor nutritivo de fenos e silagens pré-secadas. É ilusão pensar que silagem de milho, silagem pré-secada de alfafa, feno de 'coast-cross' e misturas de concentrados são garantias de boa nutrição para a produção de leite.

Conforto físico é essencial para que a vaca possa produzir e reproduzir de maneira adequada. Erros de construção aqui e no exterior levam a ambientes úmidos, abafados e prejudiciais à saúde e ao bem estar da vaca leiteira. Altura do pé direito, tipo de cobertura, inclinação do telhado e movimentação interna de ar nos galpões de confinamento são variáveis que favorecem ou prejudicam o desempenho das vacas produtoras. Tamanho das baias de repouso, tipo de cama, espaço vital, disponibilidade de água e alimento são pontos importantes a serem analisados nos rebanhos de alta produção. Adaptações mal feitas, falta de critérios técnicos e mesmo cópias de instalações erradas edificadas no exterior tem prejudicado o conforto e o desempenho de vacas leiteiras do país.

Nos rebanhos americanos é comum observar índices de renovação nos retiros da ordem de 30 a 35%, porque qualquer fator que impeça o desempenho perfeito da vaca concorre para reduzir a produtividade. Nas fazendas brasileiras, dificilmente são empregados conceitos corretos de descarte, e, com isso, animais medíocres são mantidos por causa da origem e do pedigree. É fato comprovado que a origem, a genealogia e a aparência não garantem produção de leite. A valorização do tipo propiciou a importação de animais geneticamente inferiores, filhos de touros negativos, e com isso, muitos rebanhos possuem vacas de produção mais baixa.

Por tudo isso, não é mistério nem surpresa, o fato de se encontrar em fazendas com aparência de estrangeira, rebanhos com produções medíocres, já que a importação de gado foi visual, longe do conceito correto de produção de leite.

# SOMBRA E ÁGUA FRESCA

## REVISTA BALDE BRANCO - Nº 359 - SETEMBRO DE 1994

Sombra e água fresca representam o ideal de conforto que todos procuram na rotina diária, no lazer e até mesmo no trabalho. O simbolismo da mensagem é significativo e, por isso, algumas vezes é utilizado como sinônimo de férias e aposentadoria, onde a tranquilidade se associa ao conforto para garantia de dias agradáveis e paz de espírito. Frequentemente acrescenta-se à imagem, a ideia do sapato largo, objetivando o máximo conforto.

As vacas leiteiras também apreciam, e muito, a possibilidade de ficarem abrigadas do sol e de ter à disposição água para matar a sede, refrescar o corpo e produzir leite. Como não usam calçados e distribuem o peso em quatro superfícies pequenas de contato com o solo, necessitam de cascos íntegros para alcançarem tranquilidade, sem as incômodas e desgastantes dores nos pés, causadas por infecções. Havendo sensação de desconforto, a produção cai, a reprodução fica irregular, o animal se desgasta e os problemas começam a se avolumar, devido à perda de eficiência na fazenda produtora de leite.

Na tentativa de explorar matrizes de alta produção, procurando facilidade de trabalho, escala maior e eficiência no uso de alimentos caros, o ser humano retirou a vaca do pasto, seu 'habitat' natural, onde existiam todos os elementos requeridos para a sensação de conforto, estabelecidos pelas características adquiridas durante o processo evolutivo da espécie. Espaço vital adequado à estruturação social do rebanho, piso fofo e macio, para evitar tensão nos cascos e para o repouso, e ambiente seco e ventilado são os requisitos básicos para o conforto das vacas que produzem leite.

Esses requerimentos essenciais podem ou não estar presentes nos confinamentos, estabelecidos, algumas vezes, sem critério, ou copiados e adaptados de construções erigidas sem nenhuma fundamentação técnica. O problema ocorre aqui e no exterior, e pode ser responsável por resultados nem sempre favoráveis nas fazendas que procuram, com confinamento, elevação da produtividade em sistemas de custos elevados.

Admite-se, hoje, que o conforto seja um fator tão importante quanto a nutrição, a sanidade e o melhoramento genético para obtenção de índices de eficiência produtiva nos sistemas de confinamento total, porque um ambiente inadequado pode se transformar em fator limitante para o bem estar da vaca leiteira. Por esse motivo, no mundo todo, estudos de comportamento, associados a fatores de desempenho e longevidade, procuram analisar o animal em seu ambiente, com o objetivo de coletar informações para a elaboração de normas técnicas, capazes de garantir modelos viáveis sob o ponto de vista da economia.

Através dessa metodologia, o ser humano tem sido capaz de explorar com sucesso vacas confinadas nos desertos escaldantes do Arizona (EUA) ou de Israel, nas planícies geladas do Canadá ou da Suécia, ou nos climas quentes e úmidos da Florida (EUA) e do Brasil. O conhecimento técnico possibilita o uso de informações precisas para minimizar os efeitos agressivos do clima.

A análise de confinamentos de vacas em piquetes ou currais com área de repouso coletivo tipo 'loosing house' ou individual tipo 'free stall', pode revelar que nem sempre as vacas estão obtendo conforto. Algumas vezes, mostram sinais típicos de desconforto térmico, outras ocasiões revelam inquietude atípica para um animal letárgico e, com frequência, procuram repouso em locais de piso duro e úmido, atitude não característica da espécie. Tudo isso pode ser decorrência de construções malfeitas, com pés-direito baixos, coberturas com amianto, e telhados sem inclinação e aberturas para saída de ar quente. Espaço vital reduzido, camas inadequadas, dimensionamentos errados das áreas de repouso, dos corredores e localização incorreta com relação ao movimento do sol podem também gerar condições pouco favoráveis. Propostas de sistemas com currais de terra, difíceis de serem implantadas em climas úmidos, criam ambientes pouco favoráveis ao animal, que não aprecia lama e umidade.

Antes de confinar, o criador deve planejar a atividade procurando conceitos corretos em normas técnicas, para dar à vaca de leite o conforto que necessita e merece, na árdua e difícil missão de produzir um alimento nobre e imcomparável para o ser humano.

# AS VACAS DE ONTEM E DE HOJE

## REVISTA BALDE BRANCO - Nº 370 - AGOSTO DE 1995

Mudanças sociais, econômicas e tecnológicas ocorreram com grande intensidade desde o início do século XX em todos os setores. Também as vacas sofreram alterações significativas, como consequência do aparecimento de novas propostas de exploração de bovinos para a produção de leite. Olhando fotos de vacas campeãs do passado, tem-se certeza de que não seriam sequer notadas nas exposições atuais, porque o conceito de beleza, forma e caracterização da vaca ideal mudou com o passar do tempo.

Diferenças no porte, na conformação do úbere e na proporção entre as diferentes partes do corpo são evidentes e facilmente identificáveis. Também atributos sem nenhum significado técnico ou econômico como pelagem, formato, cor e orientação dos chifres deixaram de ter importância para a concepção de 'pureza racial'. Com isso, as vacas ficaram mochas e adquiriram outro visual, em que estrutura corporal, úbere e aprumos passaram a ser os pontos de interesse, análise e apreciação.

A capacidade de produzir leite também sofreu evolução, pois a estruturação dos testes de progênie, com o auxílio de supercomputadores e métodos estatísticos cada vez mais complexos e confiáveis, possibilitou disseminar rapidamente, e a custo baixo, genótipos superiores na forma de sêmen e embriões congelados. Com isso, tornou-se possível conseguir vacas de grande capacidade de produção, revelando persistência, facilidade de ordenha e docilidade.

O uso de técnicas sofisticadas, como a do DNA recombinante, criou condições para que bactérias passassem a produzir, em escala comercial, a somatotropina bovina, para ser usada como agente galactopoiético, aumentando não só a produção das boas vacas de leite como também a eficiência. Por tudo isso, algumas matrizes são capazes de produzir quantidades de leite inconcebíveis no passado.

Antigamente, todas as vacas tinham liberdade de movimentação nos pastos, onde escolhiam o que comer, repousar e não sofriam pressões da rígida hierarquia social dos rebanhos, nem da dureza e abrasividade dos pisos de concreto. O conceito de confinamento, onde os animais ficam livres em áreas restritas, desenvolvido para possibilitar aumento de escala por meio da mecanização total, trouxe algumas vezes, problemas de vulto, que precisaram ser solucionados com base em novas propostas tecnológicas. Conceitos adequados de nutrição, área de repouso, manejo de piso, circulação de ar, calor, espaço vital e dominância foram incorporados à rotina das fazendas para eliminar fatores de estresse, prejudiciais à vaca leiteira, que passou a viver no novo ambiente criado pelo ser humano.

Com o advento dos confinamentos e o uso de rações completas, a vaca passou cada vez mais a depender do homem para balancear sua dieta, que perdeu as características originais da consumida pelos ruminantes. Distúrbios como acidose, laminite, baixo teor de gordura no leite, deslocamento de abomaso e obesidade são típicos de sistemas mais recentes de criação de bovinos leiteiros. Com a introdução de resíduos industriais, grãos de cereais e quantidades não controladas de amido e outros carboidratos de fácil fermentação no rúmen e, sobretudo, volumosos finamente picados, o rúmen pode apresentar disfunção, e a vaca revelar sintomas de distúrbios e produção baixa. Por isso, existe, hoje, a necessidade de balanceamento de rações também para quantidade e tipo de fibra, objetivando garantir condições adequadas para produções compatíveis com os custos de atividade diferenciada e complexa.

Na atualidade, as vacas que ainda permanecem em sistemas em que a alimentação é baseada exclusivamente em alimentos volumosos também dependem muito do homem e seu conhecimento técnico, não para balancear rações complexas, mas para produzir forragens de boa qualidade, corrigir solos, manejar os pastos e garantir condições para atividades produtivas eficientes. Indiscutivelmente, a atividade leiteira de hoje exige um fazendeiro totalmente diferente do de ontem, pois, além de conceitos empresariais, necessita de conhecimentos técnicos para cuidar de vacas cada vez mais exigentes e diferenciadas das do passado.

# SABER PARA SE PREPARAR E TER RETORNO

## REVISTA BALDE BRANCO - Nº 383 - SETEMBRO DE 1996

Com frequência, ocorrem mudanças que são consideradas irreversíveis porque trazem racionalidade, facilitam as negociações de compra e venda, e criam perspectivas melhores tanto para o produtor como para o setor industrial. Assim foi na atividade canavieira, na qual, em vez de toneladas de cana-de-açúcar, passou-se a comprar sacarose. A medida acabou forçando os produtores a procurarem saber o que levava a cana-de-açúcar a ser mais rica em açúcar e a buscarem na tecnologia, métodos e ações a serem utilizados para que a rentabilidade fosse melhorada. Com isso, os bons empresários saíram ganhando.

Na década de 1960, começou uma tendência mundial bem definida dos consumidores para a fração não gordurosa do leite, já que as preocupações com as doenças cardíacas e o colesterol ganharam força com a difusão de informações, nem sempre corretas, dos possíveis problemas do consumo da gordura animal. A manteiga, que sempre fora o principal componente, foi deixada de lado e os laticínios passaram, então, a valorizar a fração sólida não gordurosa. Sob o ponto de vista industrial, essas medidas trouxeram vantagens, possibilitando melhorias no rendimento e produtos de melhor qualidade. No mundo desenvolvido, o leite é hoje, pago pela quantidade de sólidos, e a proteína, por ser matéria prima especial e apresentar qualidades nutricionais diferenciadas, recebe destaque cada vez maior na comercialização. A compra do produto por volume deixou de ser praticada e, em muitos casos, ocorre penalização por não haver sólidos suficientes.

Pode ser que no futuro, a compra de sólidos venha a ser também praticada no Brasil e, se isso ocorrer, todo o setor leiteiro deverá estar preparado para entender e interpretar fatos novos que serão criados. Por esse motivo é que deve ser recebida com entusiasmo a proposta do controle leiteiro de iniciar, a partir de agora, a análise do leite em termos de proteína, gordura e outros componentes. Com isso, o produtor e demais membros do setor terão oportunidade de entender e se preparar para as causas e efeitos que poderão afetar o preço do leite, se modificações vierem a ocorrer no critério de pagamento. O conhecimento antecipado do fato prepara o indivíduo para o que vier e oferece uma oportunidade ímpar para ficar à frente de todos na hora da mudança.

O controle leiteiro, como praticado no passado, era simplesmente um instrumento de promoção, pois se limitava a caracterizar a produção de algumas vacas, com dados pouco precisos sobre gordura. A seletividade tinha por objetivo estimular o ego de pessoas pouco esclarecidas, impedia o uso dos dados para análise de rebanhos, e o produtor, na realidade, pouco recebia em contrapartida, e por isso, a atividade era considerada cara. Quando o controle leiteiro foi estabelecido, em 1895, na Dinamarca, a atividade preconizava a avaliação de todos os animais do rebanho, visando o conhecimento detalhado das virtudes e defeitos das vacas, fato de grande utilidade para a homogeneização do rebanho. Saber e conhecer para tomar decisões oferece ao produtor instrumentos importantes para o gerenciamento da fazenda-empresa.

Por tudo que está oferecendo, o novo controle leiteiro deve receber apoio irrestrito dos produtores evoluídos, pois além da quantificação do leite e da análise quantitativa, oferece também contagem de células somáticas, uma informação indispensável para o controle das mastites, e garantia de leite de qualidade para a atividade industrial. Trata-se de um indicador seguro, moderno e efetivo para julgar não só o manejo da ordenha, mas também do rebanho. A possibilidade de solicitar ao serviço do controle leiteiro, análises de alimentos por métodos rápidos e a incorporação de índices para julgamento da eficiência do rebanho, oferecerão ao fazendeiro elementos para modernização administrativa para enfrentar o futuro. Os gastos com o controle leiteiro que, para alguns serão julgados elevados, poderão ser indispensáveis e justos para quem tem certeza que retornos aparecerão a curto, médio e longo prazos. Será lastimável se a incompreensão impedir a expansão deste serviço, importante para a redução dos custos, necessária para testes de progênie e imprescindível para o entendimento do que está acontecendo com o rebanho leiteiro e, também, com a qualidade do leite produzido pelo rebanho especializado do país.

# AS VACAS LEITEIRAS E O CALOR

## REVISTA BALDE BRANCO - Nº 401 - MARÇO DE 1998

Os efeitos desfavoráveis do calor sobre os bovinos produtores de leite são frequentemente comentados, especialmente no que concerne à aceleração do ritmo respiratório, à elevação da temperatura do corpo e à redução no consumo de alimento, trazendo, como consequências, a diminuição na produção de leite e a queda nos índices reprodutivos.

Discussões sobre a cor da pele e da pelagem, superfície corporal e outras características do animal são estabelecidas de maneira a evidenciar as dificuldades inerentes à criação de vacas de boa capacidade produtiva fora das regiões de clima temperado. Tudo isso leva à afirmação de que as raças especializadas não são adaptadas às regiões tropicais. Os cruzamentos das raças europeias com os zebuínos são, então, recomendados para tentar colocar num mesmo animal, resistência e melhor capacidade produtiva. Todos esses fatos em conjunto promovem distorções na análise dos problemas que realmente limitam o uso de animais de melhor qualidade nas fazendas brasileiras. Isso acontece porque se admite que poucas medidas possam ser tomadas contra o efeito do clima que caracteriza o ambiente em que vivem os animais. A baixa eficiência reprodutiva, a incapacidade de produzir eficientemente e o crescimento retardado são considerados consequências do calor e não do manejo inadequado.

Alguns fatos analisados criteriosamente indicam que o efeito do calor tem sido superestimado em nosso meio. A primeira evidência é que as vacas são bonitas, gordas e produtivas no chamado período de verão. Na fazenda experimental da Embrapa em São Carlos (SP), as vacas Holandesas produzem, em regime de pasto suplementado com concentrado, mais de 40 litros por dia no período quente do ano. Produtores que visitaram fazendas no Estado do Arizona (EUA) ficaram surpresos ao constatar que numa temperatura de 48ºC, em pleno deserto, as vacas apresentavam média de 32 litros de leite por dia. Tais constatações podem ser observadas em outras regiões do globo terrestre que, num passado não muito distante, eram consideradas impróprias para a atividade com animais especializados.

Sabe-se hoje, que o calor é um fator desfavorável à produção de leite, mas não limitante, nas fazendas onde medidas de conforto são adotadas. As consequências são previsíveis, e diferentes ações podem ser tomadas para minimizar o efeito do clima sobre o animal. Conforto é, hoje, um tema muito discutido e estudado, e através de medidas técnicas ou da localização da fazenda onde, por ação da latitude, as noites são frescas, o efeito do calor pode ser minimizado. Evitar insolação direta, movimentação excessiva e atividades físicas que elevem a temperatura corporal são as primeiras medidas.

Sombras e abrigos construídos com técnica, pé-direito alto, inclinação do telhado e localização previamente estudada das instalações são fatores a serem considerados. A alimentação no cocho ou no pasto em horas mais frescas associada a alimentos de boa qualidade, maior teor de potássio na dieta e água fresca e abundante próxima das vacas, são medidas a serem também consideradas. Banhos nas horas mais quentes, uso de ventiladores associados ou não com aspersores, salas de espera sombreadas e manejo cuidadoso no pasto ou confinamento podem beneficiar um animal muito sensível a qualquer fator que promova o estresse ou o desconforto.

O conhecimento tecnológico atual possibilita a manutenção de vacas especializadas exploradas com eficiência em qualquer região. O interessante é que toda a tecnologia associada com conforto e bem estar de vacas leiteiras foi gerada em países de clima temperado onde, no verão, o calor é mais agressivo que na maioria das regiões do Brasil central. Deve-se ter em mente que as vacas leiteiras podem ser utilizadas com sucesso no país, se o conceito e o manejo forem modificados. Tentar simplesmente substituir a vaca rústica e pouco produtiva, sem promover mudanças, leva invariavelmente a resultados ruins, que ajudam a perpetuar o conceito de clima limitante.

# O MITO DA RUSTICIDADE

## REVISTA BALDE BRANCO - Nº 403 - MAIO DE 1998

Na quase totalidade dos países localizados na faixa pouco desenvolvida do globo terrestre, os bovinos são criados em condições naturais, ou seja, ficam expostos ao ambiente. Quase sempre, a alimentação é baseada em pastos mantidos em terrenos de baixa fertilidade, que apresentam acentuada diferença de produção de forragem, segundo as estações do ano. Doenças infectocontagiosas e parasitárias são comuns, constituindo sério entrave à criação de animais de melhor aptidão leiteira. Dependendo do microclima, os problemas podem ser mais ou menos intensos, mas são raramente resolvidos de maneira global. Geralmente, as medidas corretivas são impostas quando a morte ameaça o rebanho e na maior parte dos casos são medidas parciais.

Como consequência dos sistemas de criação, os bovinos devem apresentar o que se convencionou chamar de rusticidade, mesmo que a característica seja associada à perda de capacidade produtiva. Esse tipo de animal é pequeno, tardio e de baixo potencial produtivo para que possa resistir à fome, às doenças e outras dificuldades impostas pelo meio. Assemelham-se aos bovinos criados para corte quando mantidos em regiões de solos inférteis e desgastados pelo uso. Como resultado, a eficiência da produção animal é muito baixa num grande número de países, apesar de explorarem rebanhos de grandes dimensões, incapazes de produzir leite suficiente para a população.

Em contraste, a elevada produção dos bovinos nas regiões desenvolvidas é consequência da exploração de animais especializados, através de sistemas de criação nos quais os rebanhos são mantidos em condições que poderiam ser consideradas como artificiais. Por ambiente artificial se entende o estabelecido pelo homem, para modificar o que não está certo no meio natural e o que possa prejudicar os animais, de maneira a tornar o ambiente mais adequado à criação. O estabelecimento dessas condições artificiais talvez tenha surgido na pré-história como consequência de climas muito agressivos no hemisfério norte, pois se os bovinos ficassem expostos ao meio, certamente não existiriam rebanhos numa área do globo terrestre.

A intensidade ou a complexidade da correção do meio depende do tipo de exploração a ser estabelecido e do microclima, mas, em todos os casos, existe a eliminação dos pontos de estrangulamento que devem ser bem caracterizados através de análises e de estudos. Assim, por exemplo, a estacionalidade da produção de forragem foi solucionada pela conservação de forragem de alto valor nutritivo na forma de feno ou silagem. Com essas medidas, torna-se possível explorar com eficiência o meio, através de bovinos aptos a produzir, de maneira eficiente, grandes quantidades de leite.

Essa concepção, conhecida há longo tempo, contribuiu para que mudanças radicais ocorressem onde a rusticidade do gado foi substituída pela tecnologia. Há mais de 30 anos cientistas americanos disseram que mesmo nas áreas mais desfavoráveis, ganhos maiores e mais rápidos poderiam ser obtidos pelo trabalho no meio, alterando o manejo para a introdução de uma raça especializada, ao invés da tentativa de criar um tipo de animal capaz de tolerar os problemas do ambiente. Estudos de cruzamentos de Zebu leiteiro com raças europeias nos Estados Unidos revelaram, depois de um longo período, que os mestiços não eram melhores do que as raças especializadas porque, com o correr do tempo, conhecimentos novos e mudanças de manejo propiciaram o uso de animais mais eficientes nas regiões quentes e úmidas dos estados do sul.

O estabelecimento da pecuária leiteira em Israel talvez seja um dos melhores exemplos do significado real da correção do meio em ambientes favoráveis. Na época da colonização se admitia que o meio não era propício para rebanhos especializados porque todas as tentativas de introdução resultaram em fracasso. Programas de cruzamento com o gado nativo foram tentados por vários anos, até que chegaram à conclusão, através de conhecimentos científicos, de que a manipulação dos fatores tidos como limitantes (calor, alimentos ruins e doenças), propiciou o estabelecimento de um dos rebanhos mais produtivos do mundo, no que se refere à produção individual por vaca.

Por tudo o que aconteceu nos países evoluídos, o que causa surpresa é o fato de continuar existindo no meio rural brasileiro o mito da rusticidade. Falta de conhecimento justifica a manutenção de bovinos em condições naturais, mas no meio técnico a pregação do uso de animais rústicos de baixa capacidade produtiva é inconcebível neste final de século XX. Assim sendo, será difícil mudar o panorama geral da pecuária de leite no Brasil, que na entrada do próximo milênio continuará a ser com sempre foi nos últimos 100 anos.

# O QUE PARECE, MAS NÃO É

## REVISTA BALDE BRANCO - Nº 406 - AGOSTO DE 1998

Existem práticas utilizadas pelos produtores de leite, que, em vez de trazerem benefícios, acabam prejudicando o bom andamento das atividades da fazenda. Um exemplo característico é o do conceito de higiene em instalações de confinamento, onde a limpeza excessiva pode prejudicar seriamente as vacas produtoras de leite. A observação da maioria das propriedades que explora gado especializado poderá revelar que currais e estábulos chegam a ser lavados duas ou mais vezes por dia. É fato também corriqueiro a lavagem do piso e das vacas ao mesmo tempo, mantendo um aspecto de higiene total, que é então utilizado para fazer propaganda de uma atividade bem administrada, que adota conceitos e práticas de alta tecnologia. A ideia promovida por órgãos de divulgação acaba se generalizando e passa a fazer parte da rotina das fazendas leiteiras.

Por outro lado, o visitante que chega a uma fazenda que adota confinamento de bovinos em um país de pecuária evoluída fica impressionado com três fatos:

a boa condição corporal do rebanho, a pequena incidência de problemas físicos e de saúde e a sujeira generalizada dos locais onde os animais são mantidos. Boa nutrição, manejo correto e descartes periódicos podem justificar as características observadas.

Em regiões úmidas, o gado é confinado o ano todo e, nos rebanhos maiores, os animais ficam em currais cimentados, anexos a áreas de repouso com qualquer tipo de piso fofo e macio. Nas regiões desérticas, os currais são de terra, oferecendo condições de conforto às vacas, que, devido à estrutura do casco e evolução histórica, exigem um piso adequado para obtenção de conforto.

Nas propriedades menores, os animais podem ser mantidos em estábulos que também não primam pela limpeza, mas sempre oferecem cama para repouso. O aspecto geral pode não ser visualmente agradável para quem está acostumado com conceitos diferentes, mas o desempenho do rebanho, a produtividade e a rentabilidade são surpreendentes.

O ser humano tem procurado, algumas vezes de maneira errônea, transmitir aos animais o seu conceito de higiene, esquecendo que as vacas possuem como habitat natural o pasto, que possui um piso fofo, macio e sujo para os padrões humanos. Quando um animal pesado, com uma pequena superfície de apoio no solo, é colocado sobre um piso duro e abrasivo, prejuízos podem aparecer para o conforto e saúde, se cuidados especiais não forem tomados. Por esse motivo é que sempre no confinamento deve existir um local de repouso para que os animais possam descansar e eliminar o estresse proveniente do piso duro. A medida é importante porque se sabe que existe uma associação entre permanência em concreto lavado e aparecimento de problemas nos cascos. O cimento lavado é um abrasivo potente, bastante usado no meio rural para amolar facas e canivetes e, assim, promoverá um desgaste considerável na sola dos cascos, até um ponto em que a parte mole é exposta, se tornando, então, susceptível a infecções por micro-organismos. Estudos conduzidos em outros países mostraram que quanto mais tempo a vaca permanece sobre o cimento lavado, ou se percorrerem grandes distâncias, maiores serão as possibilidades de ocorrerem problemas.

Outros fatores de manejo também podem provocar o mesmo tipo de ocorrência, mas, sem dúvida, o excesso de lavagem é um dos mais comuns e significativos. Quando o piso permanece 'sujo', a fina camada de esterco e terra que cobre a superfície elimina o poder abrasivo, e o concreto se torna menos agressivo aos bovinos. Pode-se, então, eliminar, sem nenhum prejuízo, as lavagens frequentes, substituindo-as pela raspagem, para eliminação de resíduos.

Entretanto, o conceito de higiene perfeita deve ser mantido quanto ao equipamento de ordenha, pois a sujeira pode influir sobre a qualidade do leite.

Em regiões onde não existe tradição, algumas vezes, podem prevalecer conceitos, que apesar de utilizados, não tem fundamento técnico. Normalmente são propostos por fazendeiros influentes e amplamente divulgados pelos meios de comunicação. A ideia de que vacas especializadas exigem higiene é uma dessas visões distorcidas que tantos prejuízos têm causado às fazendas produtoras de leite.

O que parece, mas não é, tem contribuído para a distorção do conceito de tecnologia, porque normalmente o 'eu acho' substitui o correto, conhecido através de estudos conduzidos em diferentes regiões do mundo desenvolvido e que infelizmente, nem sempre chegam ao conhecimento dos pecuaristas dos países em desenvolvimento.

# O NOME DA VACA

## REVISTA BALDE BRANCO - Nº 424 - FEVEREIRO DE 2000

Existem coisas que, às vezes, são consideradas sem nenhuma importância para a atividade de produzir leite. O nome da vaca é um bom exemplo, pois à primeira vista, se trata de um fato sem significado, tanto que nos grandes rebanhos hoje estabelecidos, os animais passam a ser caracterizados por números e, de certa maneira, perdem a identidade nos controles estabelecidos pelos computadores. Entretanto, deve-se reconhecer que no desenvolvimento da pecuária leiteira nos países desenvolvidos, por vários séculos, houve predominância de rebanhos pequenos, nos quais a vaca tinha uma identidade própria e um nome característico.

As fazendas possuíam terra suficiente para produzir alimento volumoso e para a distribuição do esterco produzido, criavam animais de reposição, tinham uma força de trabalho compatível com as atividades e capital familiar ou de bancos locais para o desenvolvimento dos projetos. Em outras palavras, era uma atividade tipicamente familiar, com mão de obra contratada eventualmente. Nessas condições, o envolvimento do fazendeiro e de seus familiares com a produção de leite era total, e assim, foram criadas condições para que se estabelecesse uma associação íntima entre a vaca e o ser humano.

Quando um norte-americano idoso conta sua infância e juventude, passadas nas tradicionais fazendas leiteiras, é comum ouvir casos de vacas que não foram esquecidas por uma particularidade qualquer, porque muito cedo participava da rotina de ordenha manual e trato dos animais, antes de ir para a escola. A grande maioria teve chance, já na década de 1920, de participar dos Clubes 4-H*, criados pelos serviços de extensão rural para ensinar aos jovens, técnicas de manejo e julgamento, com grande ênfase nos animais em crescimento.

Com tudo isso, foram estabelecidas as condições para que houvesse uma evolução grande nos conceitos de manejo e a vaca passasse a ser o centro das atenções na fazenda leiteira. Nas universidades, aulas práticas de observação do comportamento da vaca exigiam o acompanhamento de um rebanho pelo período de 24 horas, e atenção era dada não só aos hábitos, mas também aos vícios e problemas de temperamento dos animais. Assim sendo, se criava a base para o entendimento da importância da condução da atividade sobre o processo produtivo.

Dentro dessa conceituação, a identificação através de nomes escolhidos para caracterizar o animal tinha também um significado todo especial. Geralmente as bezerras recebiam nomes de mulheres, indicando que a vaca seria 'considerada como uma senhora e, portanto, tratada como tal', como alertava um cartaz colocado no final do século XIX no estábulo de uma famosa fazenda americana. Nomes de flores, frutas, estrelas e pássaros eram também frequentemente utilizados, indicando um sentimento de apreço para com o animal que iria participar da atividade produtiva da fazenda. Com frequência, se analisava cuidadosamente a aparência, a cor, o temperamento e o jeito da bezerra recém-nascida para, então, escolher um nome adequado.

Livros antigos sobre pecuária leiteira traziam informações sobre o tema, sugerindo que o nome deveria ser simples e esclarecedor, objetivando a identificação fácil do animal nos trabalhos de rotina da fazenda. Na realidade, a vaca do passado tinha uma identidade própria, que permitia não só a ligação com o homem como também o entendimento do que era importante para o bem estar e o desempenho do animal que, no processo evolutivo, passou a depender totalmente dos cuidados a ele dispensado.

Evidentemente os tempos mudaram, e o que era importante no passado, talvez não tenha, hoje, o mesmo significado. Entretanto, deve-se reconhecer

---

* Clubes 4-H - nome dado às organizações juvenis criadas pelo Serviço de Extensão Rural do Departamento de Agricultura dos Estados Unidos da América no início do século XX, com o objetivo de promover um aprendizado eminentemente prático da vida rural. Os 4 'Hs' significam: Head (cabeça), Heart (coração), Hands (mãos) e Health (saúde).

que os princípios adotados pelas fazendas atuais foram desenvolvidos através de um longo período de associação íntima da vaca com o homem.

A importância do conforto, da regularidade das atividades, do trato gentil, da nutrição equilibrada e do temperamento dócil foi caracterizada pela observação do que faziam, como reagiam e do que eram capazes de produzir os animais cuidadosamente manejados.

Os fundamentos, depois de estabelecidos, possibilitaram o aparecimento das grandes fazendas produtoras nos anos de 1960, que tinham de 300 a 500 vacas. De acordo com relatos da época, os produtores tradicionais não acreditavam ser possível produzir com grandes rebanhos, porque o dono não ordenhava suas vacas e não conhecia os animais.

Tudo isso, porque não sabiam que haviam estabelecido as bases para a condução das fazendas 'industriais', onde o tamanho e a escala permitiriam maior eficiência e ganhos mais significativos com a atividade.

# RAZÕES VERDADEIRAS

## REVISTA BALDE BRANCO - Nº 454 - AGOSTO DE 2002

A perplexidade ficou evidente quando chegou a notícia de que um rebanho relativamente grande de vacas leiteiras, mantido em uma fazenda que utilizava a pastagem como base para alimentação, iria ser liquidado, pelas mesmas razões divulgadas pela mídia para a saída dos produtores que utilizavam confinamento total. Os argumentos usados para justificar uma decisão nem sempre fácil de ser concretizada eram: oscilação nos preços do leite, falta de incentivo e de perspectivas para o futuro e, sobretudo, custos elevados, que não possibilitavam mais a manutenção da fazenda como uma empresa. Sem dúvida, a atitude foi sensata, a não ser que tenha demorado muito tempo para ser tomada, porque na propriedade não existiam condições para continuar a atividade, ou, então, o fazendeiro não tinha mais interesse no setor.

A surpresa revelada, logo após a divulgação da notícia, foi causada pelo fato de que vem sendo divulgado no país, o conceito de que o uso de pastagens seria a solução para as fazendas interessadas em continuar tirando leite nas condições complexas do mercado que, aparentemente, nunca ofereceu alternativa satisfatória para o setor. Além disso, no mundo todo, afirma-se que o pasto deve ser empregado quando existem limitações impostas pelo preço do leite, fato bem caracterizado na Nova Zelândia, país exportador, que produz produtos competitivos para o mercado internacional, e os fazendeiros enfrentam preços oscilantes.

Dificilmente é difundida também a concepção de que, na Nova Zelândia, além de usar pasto, os produtores trabalham para obter eficiência máxima na manipulação dos recursos produtivos e são considerados muito eficientes. Por exemplo, não se faz investimento em recursos não produtivos; o intervalo entre partos é de doze meses, porque após a estação de monta as vacas vazias são abatidas; um homem cuida de 180 vacas; a forragem é manejada para eficiência máxima de qualidade e quantidade; as instalações são simples e eficientes e as cercas são baratas; o produtor entende, aceita e aplica tecnologia para redução dos custos de produção e três grandes cooperativas recebem todo o leite produzido no país.

Com essa estrutura, as oscilações de preço atrapalham, dificultam, mas não impedem que as fazendas continuem em atividade, mesmo em períodos de crise como os vividos alguns anos atrás. Lá, não existe subsídio para o setor leiteiro e os preços são ditados pelo mercado internacional, fato que estabelece períodos difíceis, quando, então, aparecem reclamações, mas não desânimo, pois sempre se procuram alternativas para melhorar a eficiência, e a atividade não é julgada pelo momento atual.

Na análise dos problemas de uma fazenda que encerra a atividade, não será nunca comentado que o pasto é somente um dos componentes da atividade e que, sozinho, não garante eficiência, racionalidade nem economicidade. A falta de compreensão do que realmente significa sistema de produção e a ideia generalizada de que uma simples atividade introduzida na fazenda possa promover mudanças radicais é comum, quando não existe conceito tecnológico correto ou sedimentado. A dificuldade para entender a razão da desistência de produzir leite é que nunca se sabe de que maneira a atividade estava sendo conduzida.

Existem fazendas que apresentavam conceitos distorcidos sobre descarte e índices relacionados com persistência de produção que jamais seriam tolerados em nenhum país de pecuária evoluída. Outras vezes, fatos indicativos de manejo errado, isoladamente ou em conjunto, são facilmente identificados em rebanhos liquidados, como crioscopia do leite fora do padrão, mastite generalizada, problemas de casco, retenção de placenta, infecção uterina, mortalidade ou crescimento inadequado de bezerras, distúrbios metabólicos, etc.

O número de vacas em lactação por hectare por ano, que indica estruturação de rebanho, eficiência reprodutiva, uso do solo para a produção de alimentos, qualidade das vacas, etc., nunca é calculado ou revelado para que se tenha noção de possíveis falhas na condução da atividade como um todo. Dificuldades relacionadas com o mercado, investimentos desnecessários em recursos não produtivos, trabalhadores desqualificados e gerenciamento deficiente são também problemas que podem determinar o insucesso em fazendas leiteiras.

É evidente que as razões que determinam a liquidação de planteis não dependem se o pasto faz ou não parte das atividades desenvolvidas pela fazenda, pois o interesse de continuar ou não no setor e os problemas indicativos de baixa eficiência, que levam a custos elevados, podem ser evidenciados em qualquer situação, localidade ou país. Assim sendo, não se deve pensar que agora a situação está mais complicada do que sempre foi.

# A HORA DO PARTO

REVISTA BALDE BRANCO - Nº 465 - JULHO DE 2003

Certa vez, numa das primeiras fazendas de confinamento de gado leiteiro instaladas no Brasil, uma vaca entrou em trabalho de parto. Passado algum tempo, um dos funcionários introduziu o braço pela vagina para se inteirar da situação dentro do útero. Em seguida, o tratorista que estava retornando do campo parou para observar e, preocupado, repetiu o gesto. O tratador de bezerros que voltava do aleitamento ficou alguns momentos olhando, apoiado na cerca e, também, não se conteve e fez outro exame antes de continuar o seu caminho. Pouco depois, os três retornaram prontos para iniciar a tração do bezerro, sem considerar que a posição do feto estava normal, as contrações eram regulares e o tempo de parto ainda dentro da normalidade.

Quando questionados sobre a atitude tomada, disseram que vaca de leite era fraca, que a interferência era necessária em todos os casos e que induziam o parto para que o nascimento não ocorresse em um horário em que não houvesse ninguém por perto. Não souberam justificar porque, muitas vezes, de manhã, encontravam bezerros nascidos sem intervenção durante a noite. Atitudes como as descritas são comuns em nosso meio, sem considerar os problemas decorrentes de uma ação nem sempre necessária.

O nascimento é um fato fisiológico normal em todas as espécies, o que pode ser comprovado observando-se a natureza. No caso de bovinos, as vacas criadeiras de gado de corte dão cria nas grandes invernadas, sem intervenção, sendo muito raro, casos de distocia. Raramente, nas fazendas de criação extensiva, onde os animais ficam distantes da vigilância do homem, o parto se constitui em um motivo de preocupação, que leva ao impulso de intervenção para acelerar o nascimento.

Quando se observa o trabalho de parto, como acontece nas fazendas produtoras de leite, fica-se angustiado, com pena do aparente sofrimento e esforço da vaca, dos berros eventuais, dos gemidos, da língua de fora e do constante deita e levanta intercalado por contrações fortes do abdômen. Além disso, quando o focinho do bezerro aparece, muitas vezes, a língua de fora causa uma impressão desagradável.

Quem nunca presenciou um parto fica realmente impressionado, e mesmo quem lida há muito tempo nas fazendas tem a tendência de tomar alguma atitude para terminar o que parece ser um problema, e não um fato comum da natureza. Outra justificativa para constante intervenção objetivando acelerar o nascimento é o fato de que do início ao fim do trabalho de parto existe um tempo considerado normal, mas que parece longo e interminável, aumentando a angústia de quem observa.

As raças leiteiras foram domesticadas há mais de 10.000 anos e a associação com o homem fez com que fossem selecionadas para temperamento dócil, que normalmente não as torna agressivas para defender o recém-nascido. Mantidas próximas do homem, passaram a ser por eles observadas, cuidadas, e com isso, os nascimentos observados de perto. Entretanto, a criação próxima da casa do fazendeiro não alterou alguns princípios naturais, e hoje, se sabe que somente 5 a 7% dos partos de vacas leiteiras exigem algum tipo de intervenção.

Um exame da situação por pessoa qualificada, para saber o que está ocorrendo, usando assepsia deve ser realizado se após duas horas do início do parto não houver exposição da bolsa amniótica. Não há necessidade de intervenção pela exposição das patas dianteiras, porque o bezerro sobrevive de 8 a 10 horas depois do início do trabalho de parto. A expulsão do feto ocorre em até 4 a 8 horas após a dilatação completa da cervix, o que acontece depois de cerca de 12 horas da 'quebra' total dos ligamentos pélvicos. O progresso do parto é mais lento após o aparecimento da cabeça, o que aumenta a angústia de quem está observando, pois pode ocorrer uma eventual volta do feto para o interior da vulva.

Dentre os inúmeros erros de manejo detectados nas fazendas brasileiras, principalmente as que trabalham com raças especializadas, a intervenção no parto é um dos mais frequentes. As consequências podem aparecer na forma de infecção uterina, retenção de placenta e lesões no bezerro e na vaca, se a tração não for realizada de maneira apropriada. Na realidade, a tração é uma atividade antinatural, desnecessária e não recomendada, que prejudica seriamente o processo reprodutivo, que se constitui no fundamento da atividade de produção de leite.

O Brasil é campeão mundial de partos humanos por cesariana (36,5% em geral e cerca de 90% nos hospitais particulares), o que contrasta com 7 a 10% observados em países desenvolvidos, índices considerados normais para intervenção em qualquer espécie, inclusive vacas de raças leiteiras.

# VACAS DEVEM SAIR DO REBANHO UM DIA

REVISTA BALDE BRANCO - Nº 483 - JANEIRO DE 2005

O fazendeiro ficou decepcionado quando recebeu a oferta, em função do peso, pela vaca velha que estava vendendo para o abate. Argumentou que, sinceramente, esperava receber preço melhor por um animal de tão boa qualidade. A surpresa aconteceu porque se tratava de uma matriz que fora muito boa, no passado, mas que agora, o peso da idade dificultava a locomoção e a reprodução, e ela não conseguia mais produzir o leite de antes. Sempre fora considerada uma das preferidas do rebanho, porque despertava no proprietário um sentimento de admiração, por seu jeito pacato e sereno, por produzir crias bonitas e saudáveis, por revelar tranquilidade na hora da ordenha, e também porque nunca tivera problemas sérios de parto, mastite ou mesmo acidentes. Em resumo, era uma daquelas vacas que poderia servir de modelo para qualquer rebanho e que durante um longo tempo reinou na fazenda, pois todas as tentativas de compra foram rejeitadas sem nenhuma discussão ou contra oferta. Chegou finalmente o momento da decisão que havia sido inúmeras vezes adiada, mas a situação forçava a venda, não para dar continuidade à produção de leite, mas sim como descarte para o açougue. Por que então a surpresa pelo valor recebido como oferta?

A expectativa de preço igual ou maior que o idealizado para vacas 'refugo' vendidas no Brasil, quase sempre acima dos valores praticados pelo mercado para animais bons, tem impedido, ao longo do tempo, a adoção do correto conceito de descarte nos rebanhos explorados para a produção de leite.

É prática comum a venda para reprodução por preços elevados, porque muitos compradores dificilmente utilizam critérios racionais para a escolha e acreditam que comprando animais bons, mas com defeitos sérios, estarão levando para suas fazendas, genética na barriga das matrizes que foram emprenhadas para a comercialização. Assim sendo, restrições relacionadas com de idade, casco, mastite, baixa eficiência reprodutiva, defeitos físicos, e mesmo, temperamento, são desconsideradas quando se compra esse tipo de animal para produção.

Outro fato relacionado com a valorização dos 'refugos' de rebanhos leiteiros, é o velho hábito da compra de 'papel', pois nessa situação muito 'gato é vendido por lebre', por preços realmente surpreendentes. Os compradores que procuram gado registrado valorizam o que está escrito no registro genealógico e, por isso, podem adquirir animais defeituosos, pequenos ou de baixa capacidade produtiva que são comercializados como adequados para o início de um rebanho. Alguns indivíduos que se especializam na venda de gado leiteiro formam lotes para serem oferecidos por preços significativos para criadores iniciantes, que geralmente ficam impressionados com a conversa e com o que não tem importância.

Nas regiões de pecuária evoluída, vacas descartadas por motivo de produção baixa, reprodução irregular, fluxo pequeno de leite na ordenha, temperamento nervoso, posição baixa na escala social afetando alimentação e repouso, susceptibilidade à mastite e outras doenças e defeitos físicos que comprometem o desempenho, são descartadas para possibilitar a uniformização do rebanho e aumentar a eficiência do processo produtivo. O número de animais removidos anualmente das fazendas é relativamente elevado, porque os sistemas de produção exigem o uso eficiente dos recursos produtivos.

Índices de descarte de 30 a 35% ao ano têm sido usados, em artigos publicados no Brasil, para caracterizar uma pretensa fraqueza dos animais especializados, quando na realidade, representam o uso de uma das ferramentas mais efetivas para estabelecimento e manutenção de rebanhos bons, produtivos e capazes de garantir rentabilidade. Como as vacas descartadas são sempre enviadas para abate na situação descrita, existe a consciência de que peso é o fator determinante do valor, e não existe, como aqui, expectativa de se conseguir um preço melhor.

Assim sendo, a venda é realizada no momento oportuno, com o objetivo de melhorar o desempenho da atividade, e não como forma de obter um ganho adicional, apesar de representar cerca de 10 a 20% da renda bruta. Não existe nessa condição, hábito de fornecer nova oportunidade ao animal, de mantê-lo na fazenda até que o problema possa ser solucionado ou que a dificuldade desapareça com o tempo, porque essa postura resultaria na manutenção de rebanhos heterogêneos, pouco eficientes.

Numa situação real observada nos Estados Unidos, o produtor mandou para o abate uma vaca que produzira na vida útil 100.000 kg de leite, porque, após a décima lactação, não havia sido detectada prenhez no prazo estabelecido como meta para o sistema. O descarte da matriz velha era motivo de lamentação, não pelo preço de venda, que era o único possível, mas pelo que ela significara para o sistema em termos de produção de leite e de animais de reposição para assumir seu lugar e manter a eficiência e economicidade da fazenda.

# VACA FELIZ

## REVISTA BALDE BRANCO - Nº 484 - FEVEREIRO DE 2005

Existem pessoas que vivem nas cidades e passam a se preocupar com o que acontece no meio rural. Mesmo sem ter ideia das dificuldades enfrentadas pelas atividades agrícolas, que são trabalhosas, difíceis e de alto risco, se acham no direito de impor condições que julgam importantes, almejando a volta ao tempo em que o homem vivia em completa harmonia com a natureza.

Movimentos radicais exercem influência sobre os políticos para que leis sejam promulgadas, visando proteger o homem e o ambiente de possíveis ações que possam contrariar o que imaginam ser adequado. A grande polêmica criada no Brasil para a liberação do plantio de culturas transgênicas não traria preocupações, se não fosse a importância atribuída à opinião de grupos contrários, por simples ideologia e tentativa de colocar em mãos leigas, decisões que deveriam ser orientadas por quem conhece, entende e trabalha com ciência e tecnologia.

A população urbana vem sendo, há muito tempo, alimentada por uma pequena parcela da população que é capaz de produzir para o seu sustento e para milhões de indivíduos que ganham a vida fora do campo, sem ter que enfrentar o trabalho exaustivo vivido pelo agricultor, na difícil tarefa de produzir alimento cada vez melhor e mais barato. Membros bem alimentados da sociedade não são capazes de imaginar o que significa escassez de alimento, impossibilidade de escolha, ou mesmo, preços proibitivos por procura maior que oferta e, mesmo assim, se acham no direito de ditar regras para uma minoria de agricultores, que vai ficando cada dia mais insignificante, pelo uso eficiente de tecnologia gerada pelo conhecimento científico.

Movimentos organizados para modificação de métodos e ações praticadas pelos agricultores têm sido também dirigidos para a criação de animais domésticos, visando impor condições consideradas naturais para os sistemas de produção de todas as espécies domésticas. Os argumentos utilizados encontram eco emotivo na sociedade urbana, que gostaria de ver os animais vivendo como se estivessem em seu ambiente natural. Acreditam que só assim, se sentiriam felizes e que o fazendeiro utiliza ambientes artificiais, que não atendem às necessidades de uma vida saudável e prazerosa. Essas ideias encontraram grande repercussão nos países desenvolvidos, com abundância de alimentos, riqueza e, como no caso da Europa, onde existem restrições para aumento da produção agropecuária. Entretanto, a ideia tem se espalhado pelo mundo, fato que pode provocar problemas em regiões onde ainda existe deficiência de alimentos. O movimento está chegando ao Brasil.

Algumas propostas para garantir o bem estar dos bovinos são esdrúxulas, porque procuram transferir para os animais o conceito humano de felicidade. Fala-se, por exemplo, que um dos aspectos mais cruéis observados nas fazendas leiteiras é a separação do bezerro logo após o nascimento, contrariando o forte instinto maternal e privando a cria do contato com a mãe. Surgem sugestões no sentido de que, se o fato acontecer, o homem deverá procurar substituir o afeto materno, estabelecendo um contato mais íntimo com o bezerro. Um fazendeiro americano que ouviu essa proposta em uma reunião europeia achou graça e perguntou como acariciar e conviver mais intimamente com o bezerro, quando se tem um rebanho de 9.000 vacas? O aleitamento artificial tem sido aplicado há mais de 50 anos, visando grande economia e facilidade operacional, sem prejuízo para o desenvolvimento do bezerro ou da produção de leite.

Existe preocupação com vacas em confinamento, com base no argumento de que o ambiente não é natural, de que o espaço é exíguo e os animais sofrem e não são felizes. Comenta-se que bovinos podem viver 20 anos e que, em sistemas confinados, permanecem produzindo por somente cinco anos, fato que mostra que algo está errado. Para uma produção econômica, é necessário descartar animais improdutivos e, assim, a média de idade de participação no processo produtivo é menor.

O uso de pastagens rotacionadas também tem sido motivo de críticas, porque, em rebanhos grandes, as vacas que ocupam uma posição inferior na escala social não teriam espaço para se alimentar ou descansar, e as de hierarquia mais alta lutariam o tempo todo para manter a sua posição. O aumento de rebanho é muito importante para economia da produção, e o sistema de pastagens rotacionadas é empregado com sucesso, desde a Primeira Guerra Mundial.

Bovinos leiteiros necessitam de conforto, pois o animal não pode viver com sede, fome, calor ou frio excessivos, dores, ferimentos, doenças e parasitos, medo, angústia, e em ambientes úmidos. Existem métodos de avaliação de estresse por alterações hormonais, mudança no comportamento, produção, crescimento, susceptibilidade a doenças e, sobretudo, reprodução. Uma vaca feliz consegue produzir bem, garantindo o sustento do fazendeiro e alimentando populações urbanas que adquirem lácteos de boa qualidade, embalados e a preços satisfatórios.

Quando a galinha era criada livre na natureza e o frango caipira era comida de domingo ou de pessoas doentes, a época era de escassez, como lembram, sem saudades, pessoas que viveram em tal época.

# O FANTASMA DA FEBRE AFTOSA

## REVISTA BALDE BRANCO - Nº 494 - DEZEMBRO DE 2005

A febre aftosa é uma das mais danosas doenças para a economia da produção, não só de bovinos, mas também de todos os animais de casco partido. Trata-se de uma enfermidade que surgiu há 2.355 anos, pois Aristóteles se referiu a uma epidemia que afetou animais em 350 a.C., que, com certeza, era a aftosa. Os sintomas foram descritos com minúcias por um médico italiano em 1546, mas somente a partir do século XVIII seus efeitos nefastos passaram a receber atenção.

A doença foi introduzida na Inglaterra em 1839, nos Estados Unidos em 1870 e foi reconhecida como causada por vírus em 1897. A ocorrência na América do Norte foi consequência da importação de animais vivos infectados da Europa. Por meio de medidas restritivas, a doença começou a ser controlada nos EUA, mas foi reintroduzida em 1924 por feno importado e lixo orgânico que entrou no país por meio de viajantes. A enfermidade foi erradicada somente a partir de 1929, com medidas muito severas de prevenção, que permanecem até hoje.

Os riscos de infecção em áreas livres da doença são grandes, pois um surto de aftosa em 2001 provocou o abate de 7.000.000 de cabeças de bovinos e ovinos na Inglaterra com prejuízos estimados em US$ 25 bilhões* por perdas não só nas fazendas, mas também por exportação e turismo, pois o acesso de pessoas a áreas afetadas foi restringido. O dono da fazenda de criação de suínos onde surgiu o foco, que usava alimentos de origem animal sem processamento, foi julgado e condenado pela justiça por ter omitido a comunicação do fato para as autoridades competentes logo após o aparecimento da doença em decorrência de manejo incorreto.

Os fatos relatados revelam a vulnerabilidade a que estão sujeitos os rebanhos, pois a difusão do vírus é muito rápida e pode ser feita também por meio de roupas, sapatos, veículos e alimentos. Um dos problemas apontados para um controle efetivo é o fato de que alguns animais silvestres são depositários do vírus e transmitem mesmo não revelando sintomas da doença. Entre eles são mencionados cervos, capivaras, tatus, ratos, camundongos, etc. Estudos feitos na Inglaterra revelaram que pássaros contribuem de maneira muito efetiva na disseminação da virose. O problema é muito complexo, pois a transmissão pode ser feita também pelo vento (até 100 km), por secreção nasal de pessoas que tiveram contato com animais doentes, sendo que o vírus pode permanecer no ambiente por cerca de um ano.

Medidas restritivas impostas para a movimentação de animais e exportação de produtos de regiões que apresentam o problema têm fundamento, pois, após a introdução, o vírus se alastra rapidamente, podendo apresentar linhagens mutantes e ser espalhado por diferentes agentes transmissores. Por se tratar de uma doença perigosa, o importante é que sejam estabelecidas medidas preventivas para evitar o aparecimento de focos da doença, pois a possibilidade de alastramento, se existir animais susceptíveis, é real e inevitável. Vacinação, proibição de importação de gado e de material orgânico de áreas reconhecidas como de risco; abate de animais doentes e que tiveram contato com os infectados; restrição à movimentação de pessoas e animais em áreas afetadas e o reconhecimento precoce de focos e intervenção rápida são medidas indispensáveis.

A excelência do trabalho desenvolvido rapidamente pelos técnicos brasileiros atendeu às recomendações internacionais no surto recente observado no Brasil e evitou desdobramentos mais sérios, mas a ocorrência mostrou a existência de vulnerabilidade. As reclamações do Ministro da Agricultura, Pecuária e Abastecimento sobre a falta de recursos para adoção de medidas mais efetivas de prevenção têm fundamento, pois somente assim será possível evitar o reaparecimento da doença, que afeta não só a economia das fazendas

---

* Dólar em 01.12.2005 cotado a R$ 2,2177.

como também a imagem do país no cenário internacional. O período longo sem ocorrência da doença, provavelmente contribuiu para restrições orçamentárias, apesar do esforço do Ministro Roberto Rodrigues para manter a defesa sanitária ativa e alerta.

De acordo com opiniões de especialistas internacionais, somente a consciência da necessidade da prevenção pela sociedade, somada às ações das autoridades sanitárias, será capaz de impedir a manifestação da doença em áreas consideradas livres, mas que continuam sendo vulneráveis, como ficou caracterizado nos fatos recentes. Todos devem participar do esforço, vacinando no momento certo, não contrabandeando animais baratos ou produtos de origem animal de países onde o problema é endêmico, denunciando fatos que ponham em risco a comunidade e informando o mais rápido possível qualquer suspeita da enfermidade. Trazer de regiões de risco mudas, sementes, alimentos de origem animal, sapatos e roupas sujas de visitas a fazendas são ações que podem inviabilizar o esforço para que não reapareça o fantasma da aftosa no Brasil.

# SOFISMAS, BORDÕES E A REALIDADE

## REVISTA BALDE BRANCO - Nº 506 - DEZEMBRO DE 2006

Expressões antigas como sofisma e bordão são pouco utilizadas na atualidade, mas podem ser úteis para caracterizar frases ou conceitos que representam argumentos aparentemente válidos, mas não conclusivos, que se repetem continuamente ao longo do tempo. Alguns são muito antigos, derivados de observações corretas dos fatos que ocorrem, mas interpretados de maneira errada ou incompleta por falta de embasamento, se espalham rapidamente, passando a constituir o que se poderia caracterizar como verdades acatadas em todo o país.

O fato pode não ter, aparentemente, consequências sérias, mas em longo prazo interfere com o esforço de introduzir conceitos técnicos científicos para se obter um salto de qualidade e avanços na pecuária leiteira, ou constituem barreiras que impedem mudanças em hábitos e crenças, pois, repetidas continuamente, se tornam verdades aceitas e praticadas. O uso de conceitos arraigados, que não possam ser justificados, transforma sofismas em bordões, que acabam prejudicando o setor produtivo.

Um exemplo característico é o mito do ambiente tropical, aceito e cultuado até em regiões onde a altitude possibilita condições climáticas de conforto.

Existem no país evidências claras e indiscutíveis de que o manejo racional, baseado em conhecimento técnico, elimina a restrição ambiental, mas a crença se mantém. Quantas vezes se veem vacas 'raçadas' produzindo muito leite ao lado de mestiças rústicas, que mesmo assim, são apontadas como ideais para o local, pelo fato de o Brasil ser tropical. Perde-se, então, a oportunidade de reconhecer e divulgar a racionalidade como ferramenta capaz de transformar o clima de fator limitante, em dificuldade a ser vencida com tecnologia.

A melhoria na produção e produtividade nos últimos 10 a 15 anos, tem sido atribuída ao melhoramento genético dos rebanhos pelo cruzamento de vacas azebuadas com sêmen de touros provados ou uso de reprodutores de raças especializadas em monta natural. Sob o ponto de vista técnico, cruzamento não é melhoramento genético, pois resultados por esta ação somente aparecem após um número grande de gerações, e o progresso é relativamente lento.

A melhoria na produção de leite se deve ao vigor híbrido, associado a modificações feitas no manejo. Em regiões de pecuária tradicional e evoluída, se admite que aproximadamente um terço do aumento obtido na produção dos rebanhos nos últimos 50 anos, seja devido ao melhoramento genético, revelando um aumento pequeno por ano, devido à complexidade da tarefa. As observações práticas revelam melhorias, e a ilusão do melhoramento genético por cruzamento predomina como verdade insofismável no setor leiteiro, e assim, o descarte deixa de ser uma ferramenta fundamental para a uniformização dos rebanhos, porque o 'grau de sangue' passa a ser valorizado, em detrimento da seleção que escolhe os melhores fenótipos para estabelecer rebanhos eficientes.

Repete-se, com frequência e ênfase, que pequenos produtores não têm possibilidade de produzir, com base em levantamentos ou simulações, mas não se menciona que pequeno é o que produz pouco e não usa tecnologia. Seria pequeno um produtor capaz de obter em 12 meses 132.524 litros em somente 3,5 hectares? O que dizer de se obter lucro anual (considerando depreciações e juros sobre o capital fundiário e de produção) de praticamente R$ 13.000,00* em uma fazendinha de 3,2 ha, como demonstram dados coletados pelo programa Balde Cheio, coordenado pela Embrapa Pecuária Sudeste? A generalização e repetição da ideia em reuniões, na mídia e nas conversas desestimulam a exploração de áreas relativamente pequenas, que conduzidas com racionalidade, obtêm, muitas vezes, remuneração do capital justificando o negócio leite.

Talvez, o sofisma mais prejudicial seja o que classifica tecnologia em

* Dólar em 01.12.2006 cotado a R$ 2,1672.

categorias, dando a entender que a alta exige grandes investimentos e está aparentemente associada à riqueza e ao poder. Um sistema de produção que usa trabalho familiar explora 47 ha de terra com instalações muito simples, pasto rotacionado, cana-de-açúcar, concentrado, produzindo leite de qualidade excelente e mostrando grande rentabilidade (o custo total representa 57,5% da renda), está manipulando fatores produtivos de maneira acertada. Na realidade, esta proposta deveria substituir o sofisma ou o logro da alta tecnologia, pois qualquer sistema pode ser eficiente sem sofisticação, independentemente do tamanho ou de grande volume de capital empatado.

# PREVISÃO DE TEMPO BOM

## REVISTA BALDE BRANCO - Nº 507 - JANEIRO DE 2007

Nesta época do ano, quando o telejornal anuncia bom tempo, está comunicando ao habitante das cidades que o trânsito não será complicado, o fim de semana possibilitará passeios, banhos de mar ou de piscina e condições ideais para ir ao estádio assistir a um jogo de futebol. Nos grandes centros urbanos, tempo chuvoso causa preocupação, desânimo e, muitas vezes, transtornos. Como a maior parte da população brasileira é urbana, a previsão de tempo bom tem conotação de clima favorável para atividades rotineiras, passatempos e diversão nas cidades.

Ao agricultor que está pronto para semear a terra, viu as plantas romperem o solo para início do crescimento ou esperam o solo molhado para enchimento dos grãos das culturas plantadas, o tempo anunciado como bom é ruim e tem perspectiva pouco animadora. Para o criador que depende de pastos, a chuva é uma dádiva, mas a ocorrência de veranico, festejada nas cidades, é indesejável. Algumas vezes, o sentimento de angústia por causa da seca afeta também o habitante da cidade quando o período de estiagem se prolonga, os reservatórios ficam baixos e o racionamento passa a ser uma dificuldade que leva a considerar a chuva como uma benção do céu. Apesar disso, a 'moça' do tempo continua falando em tempo bom.

O produtor de leite sabe que a época das chuvas pode trazer grandes benefícios e, muitas vezes, malefícios difíceis de serem solucionados. Pastos vigorosos, canaviais crescendo, culturas de milho ou sorgo em pleno desenvolvimento são ocorrências favoráveis para o aproveitamento de pastagens ou reservas forrageiras para épocas de escassez ou para o ano todo em fazendas de confinamento. Entretanto, na época quente e úmida do ano, surgirá lama, que é um dos maiores desafios para fazendas produtoras de leite. Aumento de casos de mastite, vacas sujas, possibilidade de contaminação do leite, necessidade de limpeza detalhada e cuidadosa dos tetos e risco de escorrimento de água suja para dentro da teteiras ou dos baldes são fatos bem conhecidos e indesejáveis.

Ir ao pasto para tocar animais em baixo de chuva é desagradável e andar na lama é esforço para trabalhadores e vacas. Estudos sobre o comportamento de bovinos indicaram que o buraco feito na lama pelo casco exerce sucção quando a pata é retirada, fato que rouba energia, dificulta a caminhada e reduz o acesso aos cochos. Além disso, aumenta a incidência de injúrias por escorregamento e a saída de áreas de concreto promove machucaduras e infecções nos cascos. Quando o barro seca em terra argilosa, os grúmulos duros se formam no leito dos caminhos dificultam a movimentação, e o desconforto é prejudicial aos bovinos.

A lama promove estresse em vacas leiteiras utilizando pastagens, como foi indicado por análise de perfil hormonal. Os animais se mostram relutantes e não gostam de deitar no molhado, e o desconforto se traduz em redução no consumo de alimentos e na produção de leite. Observações indicam que também o comportamento dos touros é afetado e os animais mostram menor efetividade em detecção de cio e monta. Bezerros são também bastante afetados e a manutenção de 'casinhas' em locais enlameados promove estresse, problemas respiratórios e distúrbios digestivos, resultando em mortalidade elevada. Esses problemas devem receber a devida atenção e ser solucionados.

Recomendações técnicas para minimizar efeitos desfavoráveis da lama indicam que se faça rotação mais rápida nos piquetes, que sejam evitadas pastagens em áreas baixas, encharcadas. A construção de corredores na crista dos terrenos e acima do nível do pasto permitirá o escoamento de água. Não existe tradição no preparo cuidadoso das áreas de movimentação que devem ser compactadas com cascalho, cobertas com terra misturada com calcário, abauladas e refeitas todos os anos. Em alguns locais, é recomendado o uso de malha geo-têxtil de poliéster para drenagem.

O custo-benefício do investimento para minimizar o efeito da lama é favorável e necessário quando os rebanhos crescem. Ampliar a área de concreto não soluciona, segundo opinião de produtores de regiões que usam pastagem com eficiência e, por isso, o objetivo deve ser minimizar as dificuldades de locomoção e a lama nos pastos, quando a previsão indicar tempo instável, sujeito a chuvas, que será ruim também para os produtores de leite que sofrerão com a formação de lama por todos os lados.

# UMA ORDENHA DIÁRIA?

## REVISTA BALDE BRANCO - Nº 516 - OUTUBRO DE 2007

Ordenhar vacas é uma tarefa árdua, monótona, repetitiva, estafante e, muitas vezes, desconfortável. Deve ser executada todos os dias do ano, independentemente das condições climáticas ou da disposição de quem se encarrega da tarefa. Na história do desenvolvimento das fazendas leiteiras, por ocasião da Revolução Industrial, a grande aspiração do setor era conseguir uma máquina que pudesse tornar o trabalho menos estafante. Depois de inúmeras tentativas, o intuito foi alcançado no final do século XIX, quando pulsadores foram adicionados à linha de vácuo.

Mas o desafio de livrar a ordenha da presença humana continuou. O artigo 'O Sonho Realizado' publicado no editorial da edição de número 352 da Revista Balde Branco de fevereiro de 1994 mencionava que o sonho poderia estar sendo alcançado pela introdução em escala comercial, na Europa, de robôs capazes de substituir os ordenhadores, liberando-os para outras atividades ou lazer. No entanto, o custo elevado e as características do equipamento restringem, até hoje, sua disseminação no continente europeu e também por outras regiões do mundo.

A impossibilidade de os produtores de leite em atividade familiar participarem de eventos sociais, terem descanso semanal ou férias levou pesquisadores americanos na década de 1960 à tentativa de omitir a ordenha dominical ou no dia seguinte da festa natalina ou da passagem do ano. Os resultados indicaram perdas de 7% com a omissão de uma ordenha por semana e de 14% com duas paralisações, quantidades consideradas elevadas para rebanhos grandes e de alta produção. Diante disso, a ideia foi abandonada.

Relatos de trabalhos realizados em 1953 nos Estados Unidos para utilização de uma ordenha diária em vacas produzindo no final da lactação cerca de 8 kg de leite por dia revelaram perdas de 38%, volume considerado elevado e, portanto, inadequado para uso nos seus sistemas de produção. Na década de 1980, estudos semelhantes realizados na Austrália e Nova Zelândia em vacas no final da lactação mostraram redução de 18 a 35% na produção.

Pesquisas recentes sobre o uso de uma ordenha diária na França, Nova

Zelândia, Austrália e Irlanda, objetivando economia de trabalho, qualidade de vida e adequação da produção ao rígido Sistema de Cotas Europeias*, mostram que ocorrem perdas na produção de leite de 20 a 43%, dependendo da raça, do número de dias em lactação e da ordem de parição. Vacas da raça Jersey apresentaram maior capacidade de armazenamento no úbere por 24 horas, revelando, em um estudo, redução de 23% na produção, enquanto vacas Holandesas, nas mesmas condições, perderam 30%. Nas vacas primíparas o impacto foi maior ainda, devido ao fato de o úbere estar ainda em formação.

Por outro lado, se constatou também que, com a redução do número de ordenhas diárias, ocorrem alterações na composição do leite, com elevação nos teores de gordura e proteína; melhoria na condição corporal e nos índices reprodutivos; redução no consumo de matéria seca, com consequente aumento de 17 a 18% na lotação dos pastos. Entretanto, existe redução no período de lactação, afetando a contagem de células somáticas, principalmente no início da adoção da prática e no final da lactação, mas não foram encontrados indicadores de aumento de casos de mastite.

A importância de se analisar a adoção de uma prática no contexto dos sistemas de produção pode ser bem caracterizada pelo significado da mesma quando adotada ou recomendada em situações diferentes de mercado. As recomendações para produtores de países que vendem sólidos indicam que a redução de somente 6% na produção de sólidos (gordura e proteína) por hectare pode ser tolerada quando se utiliza rebanhos de gado Jersey, mesmo com diminuição de 23% na produção, porque ocorre elevação na lotação e aumento no teor de sólidos.

Entretanto, a prática não é recomendada para vacas Holandesas devido à perda de 30% na produção de leite, 30% na produção de sólidos no leite e 17% na produção de sólidos por hectare. Existem alertas aos produtores de que ocorrerá redução na renda bruta e necessidade de cuidados especiais para a manutenção da contagem de células somáticas dentro de níveis recomendados, aumento de vacas secas e necessidade de maior investimento em matrizes.

Venda de leite para abastecimento de mercado interno, premiação por volume, inexistência de rebanhos adaptados, ociosidade de mão de obra contratada, redução na renda por perdas de até 40% na produção e controle precário

---

* Sistema de Cotas Europeu - introduzido em 1984 para resolver o problema do excesso de produção, no qual cada país membro da União Europeia (UE) tinha uma cota nacional de produção de leite que era distribuída aos produtores. Caso o país excedesse sua cota, teria que pagar um multa à UE. Esse sistema foi abolido em 31 de março de 2015.

da sanidade do úbere, são fatores que desaconselham a adoção de uma ordenha diária no Brasil, para aliviar o incômodo da retirada de leite duas vezes por dia.

Não se pode aceitar e recomendar uma ideia aparentemente nova sem estudar o assunto com profundidade e entender o significado da mesma para o local onde é empregada.

# MUDANÇA DE RUMO

## REVISTA BALDE BRANCO - Nº 529 - NOVEMBRO DE 2008

Após alguns anos de tentativas frustradas na obtenção de resultados satisfatórios, o produtor sente, algumas vezes, vontade de promover mudanças radicais na fazenda. Mudar um sistema de produção de leite não é tarefa fácil, porque o ciclo produtivo dos bovinos é longo e, consequentemente, as respostas só aparecem dentro de prazos relativamente amplos. Quando existem recursos financeiros, algumas mudanças podem ser bruscas, como, por exemplo, troca de todo o rebanho, construção de instalações e introdução de equipamentos para mecanização, mas a verificação dos resultados deverá esperar o tempo suficiente para que as novas tendências se manifestem.

Se o planejamento não for criterioso ou estiver baseado em premissas falsas, o resultado desfavorável só aparecerá após meses ou anos de espera. Nesses casos, os prejuízos podem ser consideráveis. Por esses motivos, qualquer proposta de alteração de rumo deve ser cuidadosamente planejada.

A troca de vacas que apresentam baixa capacidade produtiva em decorrência de períodos curtos de lactação por matrizes com potencial mais elevado, não pode ser realizada através da simples substituição. Os resultados serão decepcionantes se o manejo não for também alterado, por meio da adoção dos princípios básicos para produção. Esta medida exigirá tempo e também adaptação de conceitos a uma nova realidade. Nutrição adequada, sanidade e conforto são fatores que obrigatoriamente devem estar presentes para que se explore eficientemente a vaca leiteira e, assim, as condições operacionais da propriedade devem ser adaptadas e, muitas vezes, existe a necessidade de implantação lenta e cautelosa, além de treinamento da mão de obra.

A colocação de touros de corte para a cobrição de vacas leiteiras, objetivando a obtenção de animais com aptidão para produção de carne é uma proposta de mudança bastante usual. Várias ondas de uso de cruzamentos já ocorreram, sempre, estimuladas por preços baixos para o leite. Os resultados não são satisfatórios porque é preciso esperar dois ou três anos, se o objetivo for produzir gado para abate, e no período, podem ocorrer mudanças na conjuntura e reversão das expectativas. A comercialização de bezerros pode ser realizada em prazo mais curto, mas o preço poderá sofrer variações bruscas, e a maioria das fêmeas nascidas não serão boas. O que se observa como consequência da proposta é a desestruturação do rebanho e a dificuldade de aproveitamento de fases favoráveis para o leite que, inevitavelmente, surgem ao longo do tempo.

Transformar sistemas que utilizam pastagens como base de alimentação do rebanho em confinamento, onde o gado passará a ser alimentado somente no cocho, é uma mudança de rumo muito grande, que exige critérios técnicos bem definidos. A produção de alimento conservado pode ser solucionada em prazo curto, porque culturas anuais apresentam ciclos curtos, mas mudanças de atitude e controle efetivo do processo produtivo exigem treinamento e ajustes ao longo do tempo.

O rebanho usado no pasto pode não ser adequado para o novo modelo, no caso em que as vacas não apresentam persistência de produção, porque a melhoria da eficiência da operação fica prejudicada. O controle efetivo do processo produtivo deve ser estabelecido sempre que os custos forem elevados. A simples alteração do sistema não possibilita alcançar a meta estabelecida, quando os fundamentos da exploração de gado leiteiro deixam de ser atendidos.

Qualquer mudança de rumo em fazendas leiteiras requer aplicação de conhecimento técnico para nortear ações e atitudes compatíveis com a realidade de produzir leite com eficiência. A procura por modismos, resultados espetaculares, propostas sem fundamento e falta de conhecimento são fatores estimulantes para tentativas de alterar bruscamente um sistema, sem expectativa de resultado satisfatório.

# O OLHO DO DONO

## REVISTA BALDE BRANCO - Nº 535 - MAIO DE 2009

Todo criador de gado de leite deveria dedicar boa parte de seu tempo para observar detalhadamente o rebanho, com o objetivo de se familiarizar com os hábitos dos bovinos e, então, criar um padrão do que é um estado de normalidade. Os bovinos com problemas de diferentes naturezas mudam o comportamento, a postura e a maneira de andar, e mostram também redução na produção e dificuldades para reprodução normal. Tudo isso pode ser usado para caracterizar o manejo utilizado na fazenda e a procura dos fatores desfavoráveis para que se possa voltar a uma situação de normalidade.

Acompanhar atentamente o pastejo, a movimentação, a postura em diferentes situações, o tempo despendido nas diferentes atividades e a ruminação acaba se transformando em aprendizado muito útil para que seja possível interpretar o andamento da atividade. No processo de gerenciamento, a observação, a análise e a interpretação são ferramentas valiosas para a tomada de decisões.

A participação do dono nas atividades de ordenha é considerada fundamental, pois é nessa ocasião que ocorre uma aproximação real entre o homem e o animal, sendo, então, possível caracterizar sanidade do úbere, dos pés e das pernas. Observa-se também quantidade produzida, fluxo de leite na ordenha, temperamento do animal e até sinais de ocorrência de cio.

Os bons resultados obtidos em uma grande fazenda leiteira americana foram atribuídos pelo proprietário à participação obrigatória dele ou do filho na hora da ordenha, com o argumento de que somente o olho atento e interessado seria capaz de possibilitar um controle efetivo na mais importante atividade, apesar de contar com empregados antigos e confiáveis. Os funcionários recebiam treinamento, mas eram constantemente analisados por quem batalhava por resultados econômicos compensadores, num empreendimento muito sensível à maneira como o ser humano participa do processo produtivo.

A observação diária e criteriosa pela manhã e à tarde, das bezerras na primeira fase da vida, é de grande importância para se reduzir a mortalidade. Prestar atenção na postura dos animais, na posição da orelha, na resposta a estímulos, no consumo de alimentos e, sobretudo, na consistência e aparência das fezes revela facilmente o início de problemas comuns nos bezerros recém-nascidos.

O tempo despendido nesta atividade de observação é pequeno e somente o dono, ou alguém que assuma seu lugar, pode ter interesse em detectar precocemente sinais de manejo deficiente. Adotando a prática como rotineira, rapidamente se adquire conhecimento para julgar com os olhos, o que está ocorrendo na atividade.

O sucesso alcançado por um jovem técnico brasileiro na administração de uma fazenda leiteira, que tinha um histórico repleto de problemas graves e marcantes, foi consequência de um trabalho minucioso e intenso de observação e controle de todos os segmentos do processo produtivo. A proposta de trabalho foi a permanência diária à frente das tomadas de decisão, assumindo, então, uma postura semelhante àquela adotada pelos proprietários que participam efetivamente dos trabalhos rotineiros. Assim sendo, nenhuma ordenha deixou de ser acompanhada, a detecção de cio passou a ter um fiscal interessado, o manejo da alimentação não teve descontinuidade e tudo isso se refletiu em índices zootécnicos e econômicos muito significativos.

Técnicos que estão trabalhando para modificar conceitos de produção de leite, visando à eficiência, racionalidade e resultados econômicos, argumentam que nas propriedades familiares, onde o dono, a esposa e os filhos participam ativamente de todas as etapas do processo produtivo, executam todas as tarefas com ou sem auxilio de mão de obra contratada, os resultados são sempre muito bons.

Depois que o grupo familiar entende a importância do manejo integrado objetivando condições favoráveis para a geração de renda com custos compatíveis, o processo de controle de detalhes passa a ter grande significado, e este fato promove uma mudança significativa na postura do produtor. Sugestões para mudanças em atividades exercidas por meio de conceitos tradicionais são propostas pela família, que consegue equacionar caminhos para melhorar a eficiência e a rentabilidade.

Somente o olho do dono, ou de alguém realmente comprometido com o processo produtivo, pode enxergar a realidade, o problema e a necessidade de alterar propostas de produção de baixa efetividade. Interesse não se delega, e na pecuária leiteira praticada através dos tempos, somente com a participação efetiva do proprietário existem bons resultados e, sobretudo, evolução mensurável na produtividade e no resultado econômico. Não é de admirar que desde tempos imemoriáveis a sabedoria popular proclama no meio rural que é o 'olho do dono que engorda a porcada'.

# TRADIÇÃO NA PECUÁRIA LEITEIRA

## REVISTA BALDE BRANCO - Nº 574 - AGOSTO DE 2012

Muitas práticas de manejo são adotadas por tradição cultural, mas nem todas podem ser justificadas sob o ponto de vista gerencial ou científico, simplesmente, porque não trazem benefícios ao sistema e podem aumentar o trabalho e os gastos. Um bom exemplo de tradição sem sentido é o ato de amarrar as pernas para a ordenha, medida que espanta os observadores de outros países, onde as vacas habituadas a escoicear são contidas por outros métodos, quando não são descartadas do rebanho.

A longa tradição de amansar o animal sem contenção, o estabelecimento de contato permanente, técnicas de ordenha corretas e utilização de matrizes dóceis possibilitam a retirada do leite sem necessidade de trabalho extra para a imobilização dos membros posteriores, que provoca desconforto e até estresse na vaca leiteira.

A presença do bezerro para a ordenha é outra tradição difícil de ser justificada. Fotos e relatos antigos mostram que a prática era utilizada na Europa e nos Estados Unidos, mas foi eliminada no início do século XX pela necessidade de criar o macho, por complicar a ordenha mecânica, por impedir o controle do leite consumido e por dificultar a nutrição equilibrada das bezerras. Inúmeras fazendas que utilizam rebanhos zebuínos ou de mestiços no país e no exterior também aboliram a ordenha com bezerro ao pé, por que o estimulo para a descida do leite pode ser obtido por manejo correto de ordenha e preparo de novilhas para o início da produção leiteira.

A dificuldade de se introduzir mudanças em práticas injustificadas, mas estabelecidas, pode ser exemplificada por um fato observado numa fazenda onde uma vaca meio-sangue (Gir x Holandês) era ordenhada tranquilamente sem a presença do bezerro e sem amarrar a pernas, mas na opinião do ordenhador o animal não gostava nem um pouco do que estava acontecendo.

Em regiões de pecuária evoluída, também existem práticas adotadas por tradição, mas muitas não são abolidas, mesmo quando trabalhos de pesquisa bem conduzidos demonstram a inutilidade ou inconveniência da manutenção na rotina de trabalho.

Um bom exemplo pode ser observado em algumas importantes regiões leiteiras do mundo, onde o rabo de todas as vacas é cortado 12 cm abaixo da vulva. A técnica surgiu no início dos anos de 1900 na Nova Zelândia e tinha como objetivo tentar reduzir a contaminação de leptospirose pelos ordenhadores, porque os rabos molhados com urina atingiam o rosto e outras partes do corpo durante a ordenha.

A prática foi bem aceita por fazendeiros de outros países da Europa e também nos Estados Unidos, onde levantamentos de campo publicados em 2008 indicaram que 82,3% das fazendas localizadas nas regiões centro-norte e nordeste mantinham rebanhos sem cauda. Os produtores utilizam a técnica com o argumento de que os ordenhadores não são atingidos pela vassoura da cauda, que o costado do animal fica mais limpo e que o úbere não é inoculado com microrganismos, o que pode concorrer para a melhor saúde da glândula mamária e menor contaminação do leite na ordenha.

Nenhum dos supostos benefícios do corte da cauda foi comprovado em trabalhos científicos, que também indicaram maior concentração e manutenção de moscas na parte posterior do animal sem rabo, o que pode afetar o bem estar dos bovinos.

Apesar de não terem sido observadas alterações fisiológicas nem de produção que justificassem sua abolição, a presença de neuromas sugerindo que os animais poderiam sofrer de dor crônica, com certeza contribuiu para que movimentos de defesa dos animais passassem a condenar mais decisivamente o corte da cauda. A prática está declinando, não como resultado da divulgação de sua inutilidade, mas, sim, por força de legislação restritiva e é proibida na Escandinávia, em alguns países europeus e estados americanos e australianos.

Muitas vezes, conceitos mantidos por tradição afetam significativamente a atividade e devem ser considerados entraves ao desenvolvimento tecnológico da pecuária leiteira, pelo fato de contribuírem para a manutenção de índices de produtividade muito baixos e a ideia generalizada de que não é bom negócio.

Produzir leite por meio de propostas extrativistas com pastos mantidos em terrenos de baixa fertilidade e, muitas vezes, relevo desfavorável se faz com rebanhos de matrizes não qualificadas com bezerro ao pé e animais jovens, com ritmo de crescimento muito lento. Como consequência da reprodução irregular e não controlada, a porcentagem de vacas em lactação por ano é baixa e o rebanho é desestruturado, pois somente 20 a 30% dos animais produzem leite no ano. Recentes levantamentos de campo mostraram um problema que já havia sido detectado 40 anos atrás e que a proposta da produção permanece inalterada por força da tradição.

Extensão rural desprestigiada, técnicos despreparados e fazendeiros desinformados, também contribuem para a manutenção de conceitos tradicionais. Como não é possível restringir a produção extrativista por meio de legislação, conforme atesta a dificuldade de imposição de parâmetros para a qualidade do leite, pode-se admitir que somente a educação possa revelar que tradição nem sempre é justificável.

# DESCARTE: UMA FERRAMENTA MUITO ÚTIL

## REVISTA BALDE BRANCO - Nº 586 - AGOSTO DE 2013

Por manejo se subentende operação, manuseio, utilização de meios, direcionamento, avaliação, prudência e tomadas de decisão na condução de sistemas de produção. Significa o uso consciente de princípios técnicos, aproveitamento efetivo da mão de obra, utilização racional e eficiente dos recursos disponíveis, e ação administrativa firme, objetivando resultados econômicos na exploração de bovinos para a produção de leite.

Na realidade, manejo é mais do que a simples condução da rotina diária de trabalhos na fazenda, como alimentação, ordenha, inseminação artificial, vacinações, aleitamento de bezerros, etc., até porque ações de gerenciamento do processo produtivo devem também fazer parte das atividades rotineiras.

Não existe no Brasil tradição de incluir o descarte como prática de manejo, porque somente refugos são geralmente eliminados dos rebanhos por causa de acidentes, problemas sérios nos cascos, mastite crônica, perda de tetas e incapacidade de reprodução. Esse tipo de descarte é caracterizado como involuntário, pois a eliminação se dá, não, por escolha, mas, sim, por causa de ocorrências não programadas.

Quando o número de refugos é muito grande, isso indica que existem problemas na condução da atividade. Por exemplo, na análise de rebanhos leiteiros de alta produção, se observou em um recente estudo, que 86% dos descartes efetuados eram involuntários, aparecendo como causas principais: reprodução inadequada (35%), mastite (22%), problemas com pernas e pés (17,9%), acidentes e traumatismos (4,4%), ou seja, todos, indicativos de deficiências operacionais.

Por outro lado, dados de descartes de fazendas conduzidas de modo mais eficiente indicaram que somente 43% destes eram involuntários, sendo que os problemas reprodutivos respondiam por 22%, e os casos de mastite, por 8% das causas de eliminação de matrizes.

A reprodução é uma das causas mais comuns para a retirada involuntária de animais do rebanho, pois se trata de uma característica difícil de ser controlada, pelo fato de ser influenciada por um número muito grande de fatores e porque interfere decisivamente na economia do processo produtivo. A ampliação do intervalo entre partos promove redução significativa na quantidade de leite produzido.

No país, geralmente, não se detectam nas fazendas esforços no sentido de melhorar a eficiência do rebanho para a produção de leite, com a eliminação de animais que se afastem da média, que apresentem reprodução irregular, que não possuam persistência de produção, que revelem fluxo lento de leite na ordenha, que mostrem temperamento bravio, ou qualquer outra característica que interfira negativamente na eficiência do processo produtivo. Esse tipo de descarte é chamado de voluntário, porque o produtor escolhe os animais que devem sair do rebanho, objetivando a manutenção de um plantel com boa produtividade e mais uniforme, características indispensáveis para se conseguir resultados econômicos significativos.

O descarte voluntário deve ser uma prática usual no manejo de fazendas que gerenciam o processo produtivo com sucesso, eliminando ineficiências com o objetivo de melhorar a geração de receitas e a racionalização dos custos de produção. Por exemplo, se matrizes com baixa persistência de produção permanecem no rebanho, a capacidade de produção diminui porque a porcentagem de vacas em lactação continua pequena durante o ano, fato que aumenta o número das fêmeas que não produzem, mas eleva os gastos com manutenção. Se a persistência de produção for baixa e o intervalo entre partos for dilatado, o número de vacas em lactação por ano reduzirá consideravelmente, e a produção de leite será bastante deprimida.

As taxas anuais de descarte são variáveis e dependem da pressão que se queira estabelecer para uma seleção mais efetiva no rebanho. Taxas de 20% de descarte voluntário são apontadas como adequadas por permitirem uma possível renovação completa em cinco anos, visto que matrizes mais velhas também devem deixar o plantel por perda de vitalidade e falta de condições para competir com as novilhas que, teoricamente, devem ser melhores do que as mães. Entretanto, é possível optar pelo uso de taxas de descarte maiores, visando melhorar a qualidade do rebanho e acelerar a uniformização do plantel.

Quando o descarte é consciente e o manejo é adequado, o rebanho se torna diferenciado e pode receber, então, a denominação de selecionado, obtendo assim, reconhecimento por produtividade e eficiência.

# PENSANDO O LEITE - VOLUME III

# PASTAGEM

# VIVENDO E APRENDENDO

## REVISTA BALDE BRANCO - Nº 371 - SETEMBRO DE 1995

A experiência acumulada através de tentativas e erros possibilita, às vezes, um conhecimento útil para o desenvolvimento de ações ou programas de trabalho. Frequentemente, entretanto, o caminho a ser seguido pode não ser encontrado e incerteza, frustração e desânimo aparecem como resultado da incapacidade de solução das dificuldades. Muitas vezes, se descobre que o longo período poderia ser eliminado, se a procura fosse feita na experiência vivida por outros no passado, onde certamente as mesmas dúvidas existiram.

A procura obcecada e interminável da espécie forrageira ideal para o estabelecimento de pastos em nosso meio poderia ser eliminada, se a evolução do uso desse recurso nas regiões de pecuária evoluída fosse analisada cuidadosamente. Depois de uma longa caminhada, chegou-se à conclusão de que a espécie não era o ponto fundamental da exploração racional das pastagens. O conhecimento acumulado de pesquisas e das fazendas indicou que o manejo sempre terá um impacto na produtividade. Por isso, se sabe que substituir a espécie sem alterar o conceito de uso do pasto, pouca ou nenhuma mudança promoverá na capacidade produtiva da fazenda.

No passado, a grande preocupação dos fazendeiros britânicos, hoje considerados como bons utilizadores de pastagens, era com a espécie forrageira. Eles acreditavam que uma boa planta poderia solucionar a baixa capacidade de suporte e produção animal por unidade de área. Na época, o maior desafio era combater a degradação, que inevitavelmente ocorria após cerca de cinco anos de uso contínuo da pastagem, e, por isso, procuravam insistentemente a planta produtiva e persistente.

A importação de espécies para as ilhas Britânicas no século XVII trouxe novo alento para os produtores. Alguns capins do continente Europeu chamaram a atenção por serem difundidos como adaptáveis a qualquer tipo de solo, resistentes ao frio, ao pisoteio e, por isso, potencialmente persistentes. Como nenhum resultado prático apareceu, surgiram, então, propostas de misturas de plantas, com a esperança do predomínio das mais adaptadas ao ecossistema. Por volta de 1816, existia a recomendação de um coquetel de sementes de 18 espécies para semeadura na reforma dos pastos, mas nada mudou. Mais tarde, grande ênfase foi dada ao melhoramento genético das espécies promissoras, mas a falta de conceitos corretos de manejo fez com que não aparecessem resultados significativos.

Com a evolução do conhecimento técnico, ficou evidente que a degradação dos pastos e baixa produtividade eram consequências do manejo errado, e ficou caracterizado que manejar era mais econômico e efetivo que substituir pastagens degradadas. No final do século XIX já se sabia da importância do fósforo para o solo, para a planta e para o animal. Conhecimentos sobre extração, reciclagem, disponibilidade e balanço de minerais, efeito de pH, matéria orgânica e água possibilitaram estabelecer os princípios de adubação para o manejo correto. O efeito 'predatório' dos bovinos sobre as plantas foi estudado, entendido, e o controle do pastejo considerado importante para a sustentabilidade de qualquer espécie forrageira. O superpastejo, resultante da pressão inadequada nos períodos de menor produção de forragem, foi reconhecido como um dos fatores predisponentes à degradação, e a suplementação de volumosos virou rotina após o reconhecimento do fenômeno da estacionalidade de produção de forragem.

Considerando o conhecimento universal, parece surpreendente que ainda prevaleça no Brasil, a expectativa da planta milagrosa, capaz de revolucionar o uso das pastagens. Todas as novidades, sem uma única exceção, são recebidas com júbilo, pois são rotuladas de persistentes, rústicas, ricas em proteína, resistentes ao frio, à seca e à baixa fertilidade. A vivência indica que dentro de muito pouco tempo aparecerá uma nova, ou melhorada, pois a experiência não serve de ensinamento quando ênfase é dada no que certamente não irá solucionar o problema. Com isso, o pasto continuará a ser considerado como fator limitante da produtividade, incapaz de possibilitar sistemas intensificados e econômicos de produção, e o aprendizado de sua real potencialidade postergado para gerações futuras.

# O COLONIÃO DA BEIRA DA ESTRADA

## REVISTA BALDE BRANCO - Nº 379 - MAIO DE 1996

De tempos em tempos, surgem novamente no Brasil propostas de manejo de pastos que usam a rotação como princípio, aproveitando o esterco e a urina de grandes concentrações de gado em áreas restritas, para o estabelecimento de sistemas que levariam a uma melhora nas propriedades físicas e químicas do solo, sem aplicação de fertilizantes. A proposta é no presente, como foi no passado, bastante atrativa, pois cria um moto-contínuo no qual os elementos do sistema realimentam e revitalizam as pastagens. Os fracassos das experiências feitas no Estado de São Paulo cerca de 20 anos atrás, com as mesmas proposições, são atestados de que manejo requer a aplicação de conceitos tecnológicos corretos para a obtenção de resultados duradouros e que milagres precisam ser analisados com cautela.

O capim-colonião é uma planta forrageira que pode servir de prova viva e incontestável de que usar pastagens não é tão fácil como parece. No passado, existiam regiões inteiras onde esse capim predominava, os pastos suportavam lotações muito elevadas, e as plantas daninhas dificilmente encontravam condições para estabelecimento. A fartura durou muito tempo, mas, num dado momento, apareceram sinais de degradação com o enfraquecimento da planta forrageira. De repente, o capim sumiu, deixando em seu lugar gramíneas de menor produção, número reduzido de animais por área, impossibilidade de engorda e procura por espécies novas, que, apesar de promissoras, jamais conseguiram oferecer o que se obtinha no passado. O tempo para o desaparecimento do capim-colonão foi variável, levando 5, 10, 20 ou 30 anos, mas, em qualquer circunstância ou local, ocorreu de maneira inexorável. Só permaneceu vivo, viçoso e alto, na faixa da beira das estradas, provocando saudade e atestando que o uso constante do pasto desgasta terras de boa fertilidade.

Nos sistemas extrativistas, os minerais do solo são contínua e gradativamente exportados através da carne e do leite, e estudos científicos mostraram que a reciclagem de nutrientes através das fezes e da urina é parcial, ocorre de maneira muito irregular e que as perdas de minerais são às vezes, elevadas, e a matéria orgânica pode ser rapidamente destruída. Utilizar fertilidade natural através de extração é técnica empregada por tempo limitado, dependendo de lotação, precipitação pluviométrica e riqueza do solo.

O capim-colonião traz também outra contribuição ao entendimento do conceito de uso do pasto, por ter aparecido naturalmente na beira das rodovias de regiões nas quais nunca participou da formação de pastagens. Por exemplo, no sul de Minas, região conhecida no passado como apta para o capim-gordura, o capim-colonião cresce, hoje, na faixa das estradas, revelando seu porte avantajado e inflorescência característica. Ele surgiu contrariando a ideia generalizada de que altitude, clima frio e terras argilosas e pobres eram inadequados à implantação da espécie. Entretanto, cerca de 20 anos atrás, o capim-colonião foi plantado em fazendas sul mineiras, através da correção da fertilidade do solo, de preparo do solo e de técnicas de plantio corretas e de manejo compatível com a planta. A capacidade produtiva dos pastos se revelou semelhante à observada originalmente nas regiões consideradas ecologicamente aptas, e o capim-colonião continua depois de todo esse tempo, viçoso, bonito e sem sinais de degradação. Jamais desaparecerá das pastagens, enquanto permanecer o conceito de restituição de fertilidade e adubações de estímulo à produção.

Reconhecer extração de nutrientes, manter fertilidade do solo em nível adequado, manejar a planta com base nos conhecimentos de ecologia e fisiologia da planta forrageira garantem, em qualquer região do mundo, com qualquer espécie forrageira, resultados significativos, duradouros e economicamente interessantes. Dados levantados em fazendas produtoras de leite indicam que a fertilização de pastos com adubos químicos representa um custo muito baixo, e que a produção de 0,5 a 1,5 litros de leite de cada vaca por dia paga o que se gastou.

Havendo preocupação com o solo, o capim-colonião pode abandonar a beira da estrada e voltar para os pastos, de onde nunca devia ter saído, pela qualidade e pelo potencial revelados no passado.

# O USO DO CAPIM-ELEFANTE NA ÁFRICA E NO BRASIL

REVISTA BALDE BRANCO - Nº 389 - MARÇO DE 1997

Uma missão técnica que visitou no continente africano a Tanzânia ficou surpresa por encontrar em algumas regiões paisagens que lembravam o Brasil. O relevo, o solo e os pastos naturais cobertos de capins jaraguá, rhodes, colonião e braquiárias apresentavam um aspecto familiar quando se via gado mestiço europeu-zebu andando pelos campos. Chamou a atenção o fato de se detectar um uso muito restrito do capim-elefante, apesar de nativo e visualizado em vários locais. Os africanos diziam que o capim não era bom porque o gado não consumia o talo duro e preferiam então suplementar na seca com capins do tipo venezuela ou guatemala, porque apresentavam folhas grandes e pouco talo, podendo ser consumidos por pastejo direto. Faziam também uso de leguminosas tropicais para alimentar os pequenos rebanhos, sempre vigiados por uma pessoa.

A revelação de que o capim-elefante era muito usado no Brasil, causou perplexidade nos africanos, que não sabiam da existência de picadoras de forragem. Também no Brasil o uso de capineiras é relativamente recente, pois levantamentos de campo da década de 1940 indicaram a inexistência da espécie nas fazendas, que também não tinham picadoras de forragem nem energia elétrica.

Nos textos técnicos mais antigos, o capim-elefante nem aparecia na relação das plantas forrageiras. Com a eletrificação rural e o desenvolvimento industrial, a capineira foi introduzida rapidamente nas fazendas, e levantamentos da década de 1970 mostravam, por exemplo, que na região de Campinas (SP), todas as fazendas picavam o capim-elefante. Na época, glebas imensas foram formadas com capim-elefante em projetos que previam resultados extraordinários com o confinamento do gado e a distribuição no cocho da forragem picada. Argumentava-se que a grande produção de massa iria permitir rebanhos imensos e produtivos em áreas pequenas. Foi o período quando se falava e se estudava a capineira, e que algumas pessoas mais sofisticadas chamavam de 'zero grazing' por ser esta a denominação no exterior. No mesmo período foram feitas tentativas de pastagens, e as roçadoras eram consideradas imprescindíveis para o manejo do pasto, que crescia rapidamente e não era consumido pelo gado. Falava-se que o capim não suportava o pisoteio e que os talos duros poderiam provocar machucaduras no úbere, nos olhos e nas patas dos animais. Por tudo isso, o capim-elefante passou a ser usado em larga escala para a formação das capineiras.

A aparente superioridade brasileira sobre os africanos no uso do capim-elefante deve na realidade ser encarada como um problema sério pela difusão no uso da capineira. Picando a forragem passada, os brasileiros descobriram a maneira de enganar a vaca, moendo bem fino um material que jamais seria consumido no estado natural. O valor nutritivo da forragem passada, com mais de 60 ou 70 dias, é muito baixo, e todos sabem que a capineira pode ajudar a manter o gado, mas não resolve o problema de alimentação do rebanho. A prática foi facilmente aceita porque um pequeno pedaço de chão plantado é suficiente para todo o rebanho, pois o consumo do material picado é muito baixo. Surge, assim, a ilusão de que o rebanho está sendo alimentado porque sempre existe sobra no cocho e, se houvesse racionalidade na prática, a pecuária de leite estaria em outro patamar de desenvolvimento. Não há dúvida de que a difusão da capineira é um dos fatores responsáveis pela perpetuação da subnutrição nos rebanhos e que o capim-elefante, involuntariamente, contribuiu decisivamente para o atraso em que se encontra o setor leiteiro do país.

Estudos feitos no Brasil e no exterior mostraram que o uso da capineira é uma das técnicas mais difíceis de serem aplicadas pela dificuldade de se controlar o amadurecimento do capim. A prática deixou de ser usada, pois os resultados melhores são obtidos com o pastejo e a conservação de forragens. Hoje, se sabe que o capim-elefante é uma planta adequada para pastejo rotacionado e para a produção de silagem de boa qualidade, e, assim, a espécie pode contribuir, e muito, para a nutrição do rebanho, para a redução dos custos de produção, para elevação da produtividade e mudanças reais no setor leiteiro do país.

# PASTAGEM: UM RECURSO MAL APROVEITADO

REVISTA BALDE BRANCO - Nº 405 - JULHO DE 1998

É inquestionável que o Brasil apresenta condições muito favoráveis à exploração de pastagens com bovinos de corte e de leite, por ter uma dimensão continental e grande disponibilidade de solos, água e energia solar, fatores esses indispensáveis para o crescimento das plantas forrageiras. Na região sul do país, a possibilidade de uso de plantas tanto tropicais quanto temperadas devido ao outono e inverno chuvosos conferem um potencial imenso para o uso de pastagens. Na faixa tropical, a grande capacidade produtiva das plantas forrageiras adaptadas à condição ecológica do Brasil central poderia conferir índices de produtividade muito elevados para as fazendas que utilizam os pastos. Apesar de tudo isso, a maioria dos sistemas que fazem uso das pastagens tem revelado um potencial muito baixo. Pode-se estimar que a relação bovinos por área de pastagem no país seja de somente 0,8 cabeças por hectare. O valor é muito baixo, quando comparado com propostas feitas em 1913 de 1,0 vaca por hectare em pastagens de boa qualidade, ou com 10 a 12 UA (uma unidade animal equivale a um animal com peso vivo de 450 kg) por hectare, conseguidas, atualmente, em propriedades que exploram intensamente pastos tropicais na região do Brasil central.

Apesar de ter havido grande incremento na área de pastagens cultivadas, a densidade bovina na região dos cerrados é menor que uma unidade animal por hectare. Estimativas recentes no Estado de Minas Gerais mostraram valores de somente 651 litros de leite por hectare por ano, uma quantidade características de sistemas extrativistas e não tecnificados.

Apesar de existirem informações técnicas para o setor, a falta de interesse dos produtores pelo uso da tecnologia para intensificar a utilização dos pastos é evidente. Estudos conduzidos nas Ilhas Britânicas na década de 1970 atribuíram a pequena adoção de tecnologia pelos fazendeiros à falta de incentivo econômico, porque era possível arrendar um hectare de terra pelo valor a ser empregado na duplicação da capacidade de suporte dos pastos. Foi também identificado que, mesmo mudando a situação, os fazendeiros não alteraram a postura, por receio dos riscos de sistemas pouco conhecidos, mais complexos, que exigiriam conhecimentos e gastos em recursos adicionais para a compra de gado, máquinas, construções, etc.

Pode-se especular, facilmente, que razões semelhantes estejam presentes no país, agravadas pela conjuntura de um passado recente, que permitia ganhos reais do capital investido na terra, desestimulando assim o conceito de que a produção deveria remunerar o capital investido no recurso natural do solo. Além dos aspectos mencionados, pode-se considerar que existem arraigados no setor produtivo, conceitos que concorrem para a perpetuação do baixo aproveitamento dos pastos, por gerarem falsas expectativas. A mídia também concorre através da divulgação e recomendação de propostas, dando sempre ênfase à expectativa, sem preocupação de relatar posteriormente os resultados obtidos. Com isso, prevalece a ideia de que medidas simples, às vezes, sem fundamento, sejam capazes de intensificar o uso de pastagens, mas o desenvolvimento histórico do setor não mostra resultados, porque produção de bovinos com uso de pastos é resultado da interação solo x planta x clima x animal x ação do homem, e, portanto, só a manipulação consciente de todos os fatores leva à intensificação e obtenção de resultados surpreendentes, mas previsíveis.

Outra concepção que contribui para a situação encontrada de baixa produtividade é a crença de que a degradação dos pastos é inevitável. As causas e os métodos de recuperação são conhecidos, mas o setor produtivo parece desconsiderar o fato de que manter pastos produtivos através do manejo ou promover a recuperação é mais econômico e efetivo que replantar grandes áreas. Nos países evoluídos a média do tempo de uso dos pastos é longa, ultrapassando 20 anos, e os pastos recém-formados tem duração ilimitada. Por esse motivo, a degradação não é mais mencionada em livros ou artigos, e a grande preocupação é intensificar para obter uma produção elevada de leite ou carne. Solucionando o problema da estacionalidade de produção, a pastagem deixa de ser um fator que contribui decisivamente para a baixa capacidade produtiva das fazendas brasileiras.

Existe necessidade de um grande esforço de divulgação para mudar o panorama de uso de pastagem no Brasil. Os avanços da pesquisa científica possibilitam um bom entendimento das interações no ecossistema das pastagens e indicam os caminhos a serem trilhados para obtenção de resultados significativos e duradouros para o uso dos pastos.

# ADOÇÃO E ABANDONO DE PASTEJO INTENSIVO

## REVISTA BALDE BRANCO - Nº 472 - FEVEREIRO DE 2004

Quando em 1970 foram estabelecidos na ESALQ (Escola Superior de Agricultura "Luiz de Queiroz"), em Piracicaba (SP), os primeiros pastos para intensificação do uso de plantas forrageiras, utilizando fertilizantes e pastejo rotacionado, algumas reações favoráveis e desfavoráveis apareceram porque era uma verdadeira revolução nos conceitos, até então empregados pelos criadores de bovinos.

Os pastos originais continuam até hoje vigorosos e produtivos, atestando que a proposta, baseada em informações experimentais, era viável. Desde o início, trabalhos intensos de difusão da tecnologia foram estabelecidos por intermédio da mídia, palestras para fazendeiros e cursos de treinamento para técnicos da extensão rural, possibilitando uma expansão relativamente rápida da tecnologia, porque os resultados eram imediatos e podiam ser facilmente visualizados e mensurados.

Apesar de todos os benefícios, muitos projetos foram abandonados por dificuldades de adaptação e da introdução na década de 1980 de modelos de confinamento, que criou no setor produtivo discussões intermináveis sobre as vantagens ou desvantagens dos dois processos de fornecimento de volumosos para bovinos, como se fosse possível estabelecer comparações entre conceitos tão diferentes, que podem ou não resultar em sucesso ou fracasso.

Passados 33 anos, ainda se encontram em várias regiões do país programas de estímulo ao uso de pastejo rotacionado usando os mesmos mecanismos do passado e de unidades demonstrativas que promovem impactos muito favoráveis quando planilhas de custo, cuidadosamente elaboradas, revelam a viabilidade do pastejo intensivo e a relação custo benefício no uso de fertilizantes, quando associados a conceitos de eficiência na utilização dos recursos produtivos existentes no sistema estabelecido.

Novamente detectam-se as mesmas posturas do passado, ou seja, entusiasmos em alguns produtores, depoimentos de insucesso e tentativas de comparação com modelos de confinamento e afirmações de que a técnica se destina a pequenos produtores.

Outra dúvida frequente diz respeito à aparente incoerência do uso de vacas de potencial de produção mais elevado em modelos que não possibilitam a obtenção de produções significativas na lactação, como se este dado fosse importante para caracterizar modelos eficientes e rentáveis. Observa-se na atualidade, como no passado, tanto a adoção como o abandono da técnica.

A aparente instabilidade da permanência de pastos intensificados nas fazendas leiteiras pode ser justificada pela análise do desenvolvimento histórico do uso de pastagens. Os sistemas intensificados foram estabelecidos no período da Primeira Guerra Mundial* na Alemanha, quando no esforço de aumentar a disponibilidade de leite e carne, utilizaram-se adubos nitrogenados nos pastos em sistemas rotacionados.

Os ingleses adotaram a técnica, usaram a denominação de pastejo intensivo e a rotação com o uso de um número fixo de piquetes, aplicando o conceito de pastejo de ponta com vacas em produção, seguidas de animais menos exigentes. Após a saída, o pasto era adubado com adubo nitrogenado para estimulo da produção, que possibilitava ampliação no período de pastejo, elevação considerável na lotação e fornecimento de alimento de melhor qualidade, o que resultava em aumento de produção e evitava a degradação da gleba.

No início do século XX, já se alertava para o fato de que a atividade promovia extração de nutrientes, requeria solo de boa fertilidade e que a produção de forragem não era constante e dependia de chuva, temperatura, etc. Com o passar dos anos houve evolução tecnológica e o modelo inicial foi modificado, porque havia necessidade de controlar o excesso ou falta de forragem, pois a produção durante a estação de crescimento não é constante e existe necessidade de aumentar a eficiência no uso de recursos produtivos. Novos modelos de rotação foram propostos, e hoje, pastos intensificados são usados em diferentes regiões do mundo desenvolvido.

A consciência de que a pastagem é somente uma das variáveis do modelo

---

* Primeira Guerra Mundial - guerra global centrada na Europa, iniciada em 28 de julho de 1914 com a invasão austro-húngara da Sérvia, seguida pela invasão alemã da Bélgica, Luxemburgo e França, e um ataque russo contra a Alemanha. O conflito envolveu as grandes potencias de todo o mundo que se organizaram em duas alianças opostas: os Aliados (Reino Unido, França e Império Russo) e os Impérios Centrais (Alemão, Austro-Húngaro e Otomano). Entre as causas da guerra estão as políticas imperialistas estrangeiras das grandes potências da Europa, como o Império Alemão, o Império Austro-Húngaro, o Império Otomano, o Império Russo, o Império Britânico, a República Francesa e a Itália. A guerra terminou em 11 de novembro de 1918 com a vitória dos Aliados. Até o final da guerra, quatro grandes potências imperiais - os impérios Alemão, Russo, Austro-Húngaro e Otomano - deixaram de existir. Os Estados sucessores dos dois primeiros perderam uma grande quantidade de seu território, enquanto os dois últimos foram completamente desmontados.

de produção, levou os fazendeiros a adotarem ao longo dos anos, conceitos de eficiência para todo o sistema, manipulando os inúmeros fatores produtivos que são tão ou mais importantes que pasto, para que as fazendas sejam viáveis sob o ponto de vista econômico. Com essa postura, não se discute mais a conveniência da adoção de pastagens intensificadas, não se abandona a técnica e não se preocupa de compará-la a outros modelos, que podem ser igualmente bons para a produção de leite. Está faltando no país, consciência de que a pastagem não é sistema, mas, sim, um dos componentes de um complexo modelo de exploração de bovinos para a produção de leite.

# PENSANDO O LEITE - VOLUME II

# RECRIA

# DE OLHO NO FUTURO

## REVISTA BALDE BRANCO - Nº 341 - MARÇO DE 1993

Os brasileiros são geralmente otimistas, pois tem tendência a acreditar que amanhã será melhor. Essa postura talvez possa ser atribuída ao fato de que, desde o descobrimento, tenha sido proposto que esse seria o país do futuro. E, assim, todos esperam para depois as soluções dos grandes, complexos e crônicos problemas.

A esperança cria na sociedade um comportamento característico e, por isso, a visão otimista pode também ser detectada nas propriedades leiteiras, onde criadores esperam que as novilhas possam mudar a fazenda. O fato de manter todas as bezerras e de pensar que com isso a produção será aumentada no futuro, solucionando os problemas existentes, mostra que o produtor de leite pode não ter consciência real das dificuldades que enfrenta e das medidas a serem tomadas. Por acaso não existiam novilhas no passado?

Não é possível negar que fêmeas em crescimento representam um patrimônio da fazenda leiteira e que uma atenção toda especial deva ser dada à futura produtora. Entretanto, deve-se ter em mente que resultados só serão colhidos no futuro, se mudanças também forem realizadas no manejo do rebanho. Os ganhos genéticos obtidos com programas de melhoramento são relativamente pequenos, devido à complexidade dos mecanismos de transmissão de aptidão leiteira. Do aumento anual da produção das vacas nos Estados Unidos, somente cerca de 120 kg de leite são hoje atribuídos ao melhoramento genético. Esse fato revela que o meio, representado pelo manejo, tem uma participação mais definida na elevação da produtividade dos rebanhos dos países evoluídos.

A maior dificuldade de se colocar grande esperança na novilha pode ser também atribuída à realidade de que é impossível avaliar a qualidade de um animal em crescimento. Ser filha de uma vaca proeminente do rebanho não garante qualidade, pois é possível que as matrizes não consigam transmitir aptidão às filhas. As recordistas mundiais, que produziram mais de 25.000 kg de leite em um ano, nunca geraram descendentes de destaque, apesar de apresentarem méritos individuais incontestáveis.

Os bons touros classificados no topo das listas de mérito genético produziram, nos testes de progênie, 20 ou 30% de filhas medíocres. O nascimento de um animal de mérito depende do acaso, não sendo possível prever nem caracterizar pelo exterior o que será a bezerra no futuro, pois não existe correlação genética entre tipo e produção de leite. A análise criteriosa de rebanhos leiteiros pode revelar que o número de novilhas participando do processo produtivo é relativamente pequeno, já que a prática ensina que uma boa vaca não deve ser substituída por uma incerteza.

De olho no futuro, o produtor de leite que procura evolução deve pensar no hoje e atribuir a cada segmento do processo produtivo a importância que merece. Para o caso específico das novilhas, administrando ele descobrirá que o custo de manutenção de animais em crescimento não é tão baixo quanto pensava e que a criação de todas pode encarecer a alimentação em até 30%. Deve ter consciência de que o uso de touros provados aumentará a expectativa de obtenção de animais melhores, mas que somente depois do parto será possível uma avaliação real. Excessos devem ser sempre evitados e, no caso da alimentação, deve-se atentar para o fato de que ganhos de peso acima de 750 g por dia até a época da puberdade promovem uma má formação do tecido secretor do úbere, trazendo como resultado diminuições de 20% na produção futura. Se a fazenda for bem estruturada, uma taxa de reposição de 20 a 30% das vacas por novilhas, que iniciam a produção a cada ano, garantirá estabilidade e produções mais elevadas.

A expectativa de melhoria da empresa leiteira poderá se tornar realidade, se ênfase for dada ao manejo correto do rebanho. A aplicação de tecnologia, associada sempre ao controle criterioso do processo produtivo é a garantia real de que amanhã tudo poderá ser melhor na fazenda produtora de leite e, assim, o fazendeiro poderá aprender a confiar no futuro.

# O MISTÉRIO DO MACHO LEITEIRO

## REVISTA BALDE BRANCO - Nº 384 - OUTUBRO DE 1996

Não existe nada mais estimulante e agradável para o habitante da cidade do que comprar uma gleba de terra no campo para construir uma casa com todos os anexos, jardins, pomares e estradas sombreadas por renques de árvores. A aquisição de cavalos possibilita passeios para aproveitar o ar puro, a natureza e a paz bucólica da fazenda. Algumas vacas e cabras garantem leite fresco, queijo caseiro e guloseimas feitas com produtos naturais. Certo dia, depois do período de encantamento, chega-se à realidade de que a manutenção do sítio é cara, e, assim, surge a ideia de começar uma atividade que permita o uso da mão de obra ociosa e receita para pagar as despesas, porque lucro não é o objetivo.

Foi numa situação como na descrita que o sitiante urbano descobriu o que chamou de 'mistério do macho leiteiro'. Procurando alternativas, recebeu a sugestão de criar bezerros nascidos nos rebanhos leiteiros para produção de carne, porque os machinhos eram vendidos a preços muito baixos ou dados de graça. Soube que os animais eram capazes de crescer com velocidade, revelavam eficiência na conversão alimentar e podiam ser abatidos aos treze meses com 600 kg nos países que adotam o confinamento. Em regiões que usam pastos tecnificados, os garrotes estavam prontos para o abate antes dos dois anos de idade e, em qualquer situação, a atividade era considerada muito interessante sob o ponto de vista econômico.

O estudo preliminar elaborado para a fazenda indicou que o investimento seria pequeno, a área suficiente para uma operação de bom porte, e o entusiasmo aumentou com a descoberta da possibilidade de produção de vitelos para um mercado sofisticado e carente. A euforia impediu que se pensasse na viabilidade da proposta, e o desastre só não ocorreu porque na volta para a cidade, num domingo à noite, discutindo a ideia de abandonar no futuro os negócios na cidade para se dedicar à fazenda, o empresário foi surpreendido por uma pergunta de sua esposa: se o negócio era tão promissor, porque não existiam outras pessoas fazendo? O mistério perdurou até que informações mais detalhadas indicaram que, nas condições atuais de preços, mercado e estrutura do setor leiteiro, a atividade era difícil tanto do ponto de vista econômico como operacional.

No passado, inúmeras tentativas feitas com crédito subsidiado falharam por causa de índices elevados de mortalidade, pois as fazendas não tinham tradição de cuidar do recém-nascido, descuidando do colostro e do umbigo, e bezerros fracos e doentes não mostram desempenho satisfatório. Alimentos de boa qualidade e livres de micotoxinas, instalações adequadas e mão de obra qualificada para manter higiene e profilaxia de doenças eram requisitos difíceis de serem atendidos por falta de tradição. Os que tentaram levar em frente a criação até a engorda descobriram que a desvalorização de animais leiteiros para o abate levava à oferta de preços de arroba de vaca para machos leiteiros bem criados.

Com as oscilações no preço dos insumos e da carne e do preço relativamente baixo do produto no mercado, ficava complicado conduzir uma atividade complexa e de custo elevado. Naquela época, a mídia dava notícias de fazendas que estavam se dedicando, com sucesso, a uma atividade nova, promissora e interessante, mas nunca se viu resultados duradouros ou casos de expansão.

Existem, hoje, informações técnicas suficientes para garantir a exploração de machos leiteiros para a produção de carne, mas, com os preços praticados do leite, dificilmente existe possibilidade de sucesso. Até com os bezerros dos rebanhos mestiços fica impossível demonstrar viabilidade, pois normalmente não se consegue pagar o leite consumido até a desmama. A manutenção do bezerro ao pé da vaca durante a lactação resulta no gasto de aproximadamente 500 litros de leite, e a venda do animal na desmama pode não cobrir o valor correspondente. A atividade só permanece porque nos sistemas rudimentares ninguém faz conta matemática, a vaca é ordenhada com o bezerro, e produtores não profissionalizados simplesmente extraem o leite que encontram.

O mistério que envolve o macho leiteiro é, na realidade, a permanência nos rebanhos que querem progredir, do conceito de que o leite só é bom negócio porque existe o bezerro.

# BEZERRO AO PÉ DA VACA

## REVISTA BALDE BRANCO - Nº 421 - NOVEMBRO DE 1999

Numa manhã clara, de temperatura agradável, uma vaca meio sangue Holandês-Zebu estava sendo ordenhada num canto de um curral a céu aberto. Sua postura era de total consentimento, pois mantinha os olhos fechados, ruminava tranquilamente e descia o leite como se estivesse satisfeita com a situação. O retireiro, bastante experiente, ordenhava com as duas mãos e estava terminando de encher o balde de 10 litros com espuma abundante e encorpada, quando ouviu a pergunta se a vaca era boa. Respondeu que era a melhor do curral e que iria encher mais meio balde, pois ainda havia muito leite a ser retirado. Como não havia bezerro ao pé, foi então perguntado se ela dava leite sem a presença da cria. A resposta foi: *"Dá, mas não gosta"*. No mundo todo nas fazendas que utilizam sistemas de produção com gado zebuíno ou com mestiços destes com gado europeu, a ordenha é realizada sem a presença do bezerro.

Os trabalhadores do meio rural, os proprietários de fazendas e até mesmo técnicos acreditam que vacas não especializadas, nervosas e com instinto maternal exacerbado, tem necessidade e apreciam a presença do bezerro. Com muita frequência, a cria mama um pouco antes da ordenha; em algumas fazendas é mantida solta durante toda a operação, e às vezes, como acontece em tribos nômades da África, é contida perto da vaca com uma corda por uma criança que não deixa o animal se aproximar das tetas, mas que possa ser acariciada pela mãe. Existe também a ideia generalizada de que há redução nos casos de mastite quando o bezerro mama antes e depois da ordenha, e que a persistência da produção é melhorada sempre que o sistema mantém a cria ao pé da vaca.

O conceito da importância e da necessidade do bezerro para a descida do leite nas vacas zebuínas ou mestiças foi apresentado a um pesquisador norte-americano que visitava uma fazenda brasileira pela primeira vez. Ele havia ficado surpreso, argumentando que a presença do bezerro no momento da ordenha atrasava a operação, causava tumulto e dificultava a higiene. Mencionou também que o aleitamento, como praticado, não permitia um controle efetivo da quantidade de leite ingerida pelo bezerro, fato que poderia levar ao desperdício ou à subnutrição. Após ouvir a justificativa detalhada, o professor, que é considerado uma das maiores autoridades mundiais em fisiologia da lactação, disse que havia dado assessoria em projetos na Índia e que nos grandes rebanhos experimentais e comerciais de vacas zebuínas que visitou, nunca havia visto ordenha com bezerro ao pé. Observações semelhantes foram relatadas por técnicos e cientistas ingleses que trabalharam na África, e mencionaram a existência de grandes rebanhos zebuínos ordenhados sem o bezerro. Na opinião dos técnicos estrangeiros, manejo adequado, seleção e, sobretudo, mudança de atitude do ordenhador com relação ao abandono de práticas tradicionais poderiam contribuir para acabar com um conceito generalizado que dificulta a modernização do setor leiteiro.

As fazendas que no Brasil conseguem ordenhar gado mestiço sem o bezerro confirmam as propostas feitas por quem não tem experiência com esse tipo de gado. Sabe-se que o amansamento da novilha antes do parto, a paciência e a persistência de quem vai ordenhar pela primeira vez e, principalmente, a delicadeza no trato podem levar ao sucesso. Alguns animais talvez não aceitem o manejo proposto e nesse caso devem ser descartados do rebanho. Uma descrição curiosa de uma prática adotada por pequenos produtores na África mostra de que maneira bons tratos e manejo podem contribuir. Antes do parto, um homem se encarrega de diariamente tratar o animal que vai parir pela primeira vez, acariciando, escovando o seu dorso, passando a mão sobre o úbere. Após o parto, o tratador esfrega em seus braços os líquidos uterinos, deixando a vaca lamber, enquanto é novamente acariciada. De acordo com o relato, o sucesso é grande, ocorrendo problema somente algumas vezes em que o ordenhador deixa a fazenda e outro empregado entra em seu lugar.

A possibilidade de eliminação dos machos, que dificilmente pagam o leite que ingerem, e a separação das fêmeas reduzem o trabalho com animais improdutivos, os gastos com remédios, vacinas e vermífugos, e facilita e racionaliza a ordenha mecânica. A prática permite o aleitamento artificial que melhora a nutrição das bezerras e somado ao uso de sucedâneos podem contribuir para reduzir os custos. Num rebanho de 100 vacas, a economia poderia ser de 25.000 a 50.000 litros de leite por ano, que ajudariam a aumentar a receita da atividade e a pagar uma parte das contas da fazenda produtora.

# O ÔNUS TEM QUE SER PAGO

REVISTA BALDE BRANCO - Nº 449 - MARÇO DE 2002

Não há atividade mais interessante do que a criação de novilhas. O produtor geralmente vê na bezerra recém-nascida a esperança de melhorar o rebanho, acompanha com interesse o crescimento e, muitas vezes, escolhe com cuidado o sêmen a ser utilizado na cobrição. Durante a prenhez, como acontece em todas as fêmeas na primeira gestação, o animal fica bonito, viçoso, e o úbere começa a se formar. A descida do amojo, com o acúmulo significativo de fluidos após o sétimo mês de gestação, possibilita visualizar o delineamento do úbere, o formato das tetas e as expectativas aumentam.

Nesse ponto o animal é cobiçado, a procura é sempre grande, porque, dentro de pouco tempo, ocorrerá o parto e a novilha entrará no processo produtivo. Por tudo isso, muitos fazendeiros não vendem bezerras, esperam o início da lactação para então selecionar boas vacas para o plantel, já que não existe nenhuma possibilidade de escolher 'no olho' os melhores animais. Vendendo ao acaso, escolhendo pelo tipo, pela mãe ou pelo pai, podem cometer enganos e, quando isso acontece, não ficam satisfeitos com o negócio.

Sendo uma atividade estimulante, e como não existe tradição de se calcular o significado da criação de novilhas para a fazenda, geralmente não se tem ideia do que representa para os custos totais de produção de leite, e muitos produtores consideram o fato como parte integrante da atividade e não se preocupam. Na época da publicação das planilhas oficiais para a negociação de preços com o governo (final da década de 1980 e início da década de 1990), optou-se pela metodologia de não incluir um item especificando sua participação porque, segundo a concepção adotada, a pecuária leiteira é uma atividade conjunta, sendo então difícil isolar o custo de apenas um componente. Foi lançado, então, um modelo que vem sendo adotado amplamente e, com isso, um fato importante deixa de ser analisado pelo produtor.

Em países onde existe o hábito de calcular o custo de criação de animais de reposição, se sabe que é elevado e um dos principais componentes do custo total. Por exemplo, nos Estados Unidos, é o segundo item em importância, representando de 15 a 20% do custo total de produção, sendo geralmente ultrapassado somente pela alimentação.

Quando existe consciência da importância da atividade para a economia da atividade leiteira, se torna mais fácil aceitar conceitos técnicos relacionados com desmama precoce, mortalidade, melhoramento genético e, sobretudo, rebanho estável. Esforços devem ser feitos para economizar em alimentação, reduzir a probabilidade de animais de baixa produção, controlar doenças que levem à morte, acelerar o crescimento e somente manter na fazenda a quantidade necessária para reposição.

Utilizando a fórmula de Appleman (1978), calcula-se que numa propriedade com rebanho estável de 100 vacas (só existe possibilidade de manter este número), taxa de reposição de 25% ao ano, mortalidade de bezerros de 10% e descarte involuntário de bezerras de 7%, haveria necessidade de se manter no plantel somente 60 animais em crescimento se o parto das novilhas ocorresse aos 24 meses ou 68 animais para parto aos 30 meses. Por outro lado, adotando o critério de manter todas as bezerras, como normalmente ocorre no país, e mortalidade de 10%, haveria no rebanho, provavelmente, 90 animais em crescimento para parto aos 30 meses ou 100 para início da primeira lactação aos 36 meses, se os índices reprodutivos forem satisfatórios. Tomando-se os números extremos para exemplificar a importância da conceituação técnica, pode-se perceber que quando a primeira das 100 novilhas estiver parindo aos três anos, na outra fazenda onde o parto ocorreu aos 24 meses, 30 animais já teriam encerrado a primeira lactação, e assim contribuído para a amortização do dinheiro gasto na criação.

Existindo um valor, se torna possível perceber a importância da atividade de criar novilhas. Por exemplo, se o custo for de R$ 800,00* por cabeça em três anos, a manutenção diária de 100 novilhas improdutivas (R$ 73,00) corresponderia a praticamente 200 litros de leite (preço médio atual de R$ 0,36 por litro) durante três anos, sem nenhum retorno. O problema é tão sério para a economia do processo produtivo, que os americanos das grandes fazendas admitem ser mais econômico comprar do que criar novilhas.

Logicamente, essa proposição só é possível onde existe melhoramento

* Dólar em 01.03.2002 cotado a R$ 2,3596.

genético generalizado, fato que não acontece no Brasil. Assim sendo, o produtor precisa pagar o ônus de criar, mas deve ter consciência e gastar o mínimo possível, mantendo somente os animais necessários para reposição, vendendo o restante o mais cedo possível, de maneira a economizar racionalmente e reduzir custos de produção. Conceitos de eficiência incluem, obrigatoriamente, a consciência do significado da criação de novilhas.

# COMO PRODUZIR UM BOM GABIRU?

## REVISTA BALDE BRANCO - Nº 457 - NOVEMBRO DE 2002

De tempos em tempos, alguns produtores voltam a discutir e procurar meios de utilizar os machos que nascem nos rebanhos que produzem leite, acontecimento que incomoda, aborrece e cria um sentimento de perda muito grande, porque poderia contribuir para aumentar a renda da fazenda. Quando se tem notícia de que em muitos países os bezerros são vendidos a preços elevados logo após o nascimento para a produção de vitelos, havendo mercado local e para exportação, fica-se pensando o que impede que o mesmo aconteça no Brasil.

Além desse fato, em países como os Estados Unidos os confinamentos apresentam currais imensos cheios de novilhos gordos de raças leiteiras, prontos para o abate, com idade entre 12 a 14 meses, pesando cerca de 500 kg, o que possibilita um aproveitamento racional de um animal de crescimento rápido e eficiência de conversão para a produção de carne, mesmo apresentando rendimento e carcaça inferiores a dos novilhos de raças de corte.

Nos confinamentos brasileiros, o macho leiteiro não tem participação efetiva e, geralmente, é discriminado pelos compradores com o argumento de rendimento baixo e carne inferior. Em outras nações, como Nova Zelândia e Inglaterra, por exemplo, a criação e a engorda exclusivamente a pasto permitem o abate de machos leiteiros com idades de 18 a 24 meses, em sistemas de custo baixo e incremento de carne para o consumo local ou exportação, mas atividades desta natureza geralmente levam, em nosso meio, ao aparecimento de um animal subdesenvolvido, peludo, magricela, barrigudo e desvalorizado, que recebe, muitas vezes, a denominação de gabiru.

Sob o ponto de vista tecnológico existe conhecimento suficiente para a criação e a engorda de machos provenientes de rebanhos leiteiros, mas deve-se considerar que são animais que apresentam exigência nutricional elevada, ritmo de crescimento acelerado e, por tanto, devem receber uma dieta composta por alimentos de bom valor nutritivo, seja para a produção de vitelos, com leite ou sucedâneos, ou novilhos precoces, com rações completas balanceadas ou pastagens bem manejadas em terrenos férteis.

Além desses aspectos, há necessidade de se obter pela carne produzida um preço compatível com os gastos, ou seja, haver viabilidade econômica na atividade. Quando qualquer um desses fatores inexiste, as tentativas são falhas, e muitas experiências conduzidas no país resultaram em insucesso, mas, mesmo assim as expectativas voltam e novas propostas são apresentadas.

Uma delas preconiza a cobrição de vacas mestiças com touros de raças de corte, visando à produção de bezerros de melhor qualidade, com a justificativa de que os de novilhos leiteiros produzidos não chegam ao mercado no ano do nascimento, devido ao baixo peso. Supondo a existência de 2.000.000 de animais por ano, o gasto com leite para criar os bezerros seria da ordem de 1 bilhão de litros que deixariam de entrar no mercado, promovendo perda de receita de R$ 380 milhões*, além de gastos com vacinas, remédios, mão de obra, minerais, etc.

Deve-se então perguntar se a atividade seria vantajosa, somada ao fato de que a fêmea nascida do cruzamento certamente não seria uma boa vaca de leite. No exterior, geralmente o produtor de leite tira leite e vende o macho para quem se dedica à atividade de produzir carne, de maneira que os trabalhos sejam direcionados para obtenção de eficiência em qualquer das atividades.

A obtenção de um bom bezerro de corte não depende somente da raça. A retirada parcial de leite para a venda reduz o ritmo inicial de crescimento, doenças e parasitos diminuem o ganho de peso, e a colocação do animal em pastos de terras de baixa fertilidade, suplementação com volumosos ruins, deficiências minerais e outros fatores limitantes, certamente concorrerão para um bezerro de desenvolvimento menor que o criado com todo o leite da mãe. Na realidade, o cruzamento com raças de corte teria como objetivo um animal rústico, que possibilita crescimento lento.

Deficiências tecnológicas são responsáveis por índices de produtividade baixos para o rebanho de corte brasileiro, como abate tardio, cerca de 17% de desfrute e peso de carcaça de somente 220 kg. Também o ganho obtido na produção de carne brasileira nas últimas quatro décadas é muito baixo, como por exemplo, incremento de somente 0,75 kg de carcaça por ano. Dados dessa

* Dólar em 01.11.2002 cotado a R$ 3,6113.

natureza mostram que manejo, conceitos tecnológicos e princípios corretos são mais importantes que raça. Essa afirmação pode ser comprovada pelo fato de que nos países desenvolvidos os bezerros de rebanhos leiteiros são bons produtores de carne e as vacas leiteiras boas e eficientes, por revelarem persistência de produção.

# BEZERRAS NO PASTO

## REVISTA BALDE BRANCO - Nº 530 - DEZEMBRO DE 2008

Não há quem não fique sensibilizado ao ver um animal na primeira fase da vida, quando é dócil, frágil e sempre considerado bonito. Feras selvagens e perigosas se tornam símbolos de ternura quando representados por filhotes, como se observa nos ursinhos, que fazem a alegria das crianças de todo o mundo. Desenhos animados com animaizinhos apresentando características humanas têm sucesso ao longo do tempo pela fascinação que exercem sobre as pessoas.

O sucesso da propaganda do leite longa vida com os bichinhos representados por crianças foi um exemplo da força de atração que a primeira fase da vida exerce sobre as pessoas. Até urubu novo é considerado engraçadinho, quando apresenta penugem branca, andar cambaleante, despertando sentimento de simpatia em quem demonstra aquele nível de dificuldade.

É motivo de alegria e satisfação ver bezerras brincando no pasto, nos raros momentos em que estão em atividade. Mesmo quando ficam paradas ruminando ou em ócio, a cena é bucólica. Além da sedução natural da juventude, a cria representa o futuro, a esperança e a expectativa de resultados melhores, adiante. Para tanto, são necessários, no caso dos animais domésticos, programas realistas de acasalamento com touros provados, porque são capazes de transmitir aos descendentes genes favoráveis e, cientificamente, se sabe que é maior a probabilidade de obtenção de filhas boas.

Além desse aspecto, existe a necessidade de reposição de vacas descartadas e, assim, o planejamento do número de novilhas necessárias a serem mantidas na fazenda é essencial para a continuidade do rebanho. O criador se sente realizado quando as bezerras crescem bem, estão bonitas, saudáveis e fica orgulhoso, feliz e esperançoso na ocasião do parto, se a novilha mostrar úbere bem desenvolvido e bem posicionado no corpo.

Apesar de propiciar uma paisagem agradável e estimulante, e de ser considerada interessante por possibilitar custos mais baixos, a criação de novilhas em pastagens é, muitas vezes, questionada porque o ritmo de crescimento poderá não ser suficiente para obtenção de parto aos 24 meses. O nível de ganho de peso e altura de novilhas criadas em confinamento total tem sido utilizado como padrão, independentemente do sistema, o que não faz muito sentido. Estudo publicado no Brasil em 2004 sobre o desenvolvimento de novilhas Holandesas alimentadas com silagem de milho e concentrado revelou que, mesmo nessas condições, o ganho de peso possibilitou média de idade na parição aos 27 meses, indicando que o modelo americano não é tão fácil de ser obtido. O manejo inadequado resultará em ritmos pouco acelerados de crescimento, propiciando o aparecimento de doenças como a tristeza bovina em todos os animais. Para parir aos 24 meses, as novilhas devem ganhar em média mais de 800 g por dia, o que certamente não é fácil de conseguir também em sistemas que utilizam pastagens como base da alimentação.

O pasto é o habitat natural dos bovinos e possibilita, mesmo aos recém-nascidos, um ambiente adequado. Assim, é possível propor a criação bezerras em pastagens desde o nascimento, como fazem os produtores da Nova Zelândia, que conseguem resultados muito bons com alimentação exclusiva em pastos de azevém e trevo. Em nosso meio, mesmo com concentrado, o sistema irá impor uma redução no ritmo de crescimento porque existem fatores estressantes, característicos do ambiente tropical.

Carrapatos, verminoses, ectoparasitos e pastagens de menor valor nutritivo contribuem para um desenvolvimento mais lento. Entretanto, é possível estabelecer metas de parição dos 26 aos 28 meses, conseguindo ganhos diários médios pouco acima de 600 g, quando o manejo é realmente bom. Um aspecto favorável da colocação precoce da bezerra no pasto é que o grande problema da tristeza bovina pode ser efetivamente controlado, se o animal for exposto ao carrapato, logo no inicio da vida.

Além disso, o ambiente possui os requisitos técnicos necessários aos locais de criação de bovinos jovens, ou seja, trata-se de local ventilado, que possibilita escolher onde deitar. A presença de sombra e de água limpa e abundante são exigências que devem ser obrigatoriamente atendidas. A impossibilidade de controle individual absoluto nos primeiros dias de vida, como o que se consegue com instalações de contenção, torna a proposta menos atrativa para rebanhos maiores.

O grande desafio de se utilizar pasto como base da alimentação de bezerras diz respeito ao fato de que o manejo da pastagem é difícil, por ser o consumo naturalmente baixo e, assim, os animais acabarão recebendo forragem passada, de baixo valor nutritivo. Se o fornecimento do concentrado for fixo, a participação do volumoso na alimentação fica cada vez mais significativa e, nessas condições, os ganhos de peso raramente serão suficientes para possibilitar uma condição corporal adequada ao parto, dentro das metas estabelecidas.

# LEITE PARA BEZERRAS

## REVISTA BALDE BRANCO - Nº 534 - ABRIL DE 2009

Vídeos disponibilizados na mídia eletrônica, com o objetivo de combater o consumo de leite, apelam para o sentimentalismo, procurando incutir nas crianças e nos adultos sensíveis, o sentimento de que estão roubando leite dos bezerrinhos. Argumentam que o homem, único animal que consome leite quando adulto, no afã de obter para si o alimento, acaba separando a cria da mãe, causando, então, distúrbios psicológicos e comportamentais nos animais. A ideia difundida é de que o homem escraviza a vaca, fornecendo produtos antinaturais que fazem a produção fugir da normalidade e atingir valores excessivamente altos, que acabam fazendo com que a vida do animal seja encurtada.

Além desses aspectos, aparecem argumentos de que, na natureza, o alimento possibilita o desenvolvimento do bovino por conter concentrações elevadas de hormônio do crescimento, um produto prejudicial à saúde do homem. Todas as bobagens contidas nas informações infundadas sob o ponto de vista científico são apresentadas com fotografias singelas da relação da vaca com o bezerro e acompanhadas de fundo musical apropriado para tocar o coração de quem se dispõe a ouvir essas baboseiras.

Na visão dos indivíduos contrários ao consumo de lácteos, tudo o que a vaca produz deveria ser só para o bezerro, como acontece em rebanhos de gado de corte, mas a proposta é impossível de ser praticada com animais leiteiros que produzem quantidades elevadas. A produção de leite para criar o bezerro de corte pode ser próxima de 1.000 litros por lactação, quantidade suficiente para o crescimento normal. Durante milhares de anos o homem desenvolveu processos de seleção e melhoramento genético, visando transformar a vaca em produtora de leite, surgindo então raças chamadas de especializadas.

A relação afetiva da vaca com o bezerro no aleitamento natural recebe também apoio dos defensores do bem estar animal, que procuram transferir para os animais os sentimentos humanos, e dos fazendeiros, que trabalham com animais não especializados, com temperamento nervoso, e não conseguem estabelecer manejo adequado para a prática da apartação do bezerro. Em condições naturais, o bezerro passa a consumir muito cedo alimentos sólidos e a dieta líquida vai perdendo sua importância à medida que se transforma em ruminante, digerindo então alimentos fibrosos. Quando a vaca é ordenhada com o bezerro ao pé, o consumo de leite nem sempre é restringido como deveria ser, pois o leite é um alimento muito caro, valendo de R$ 4,00* a R$ 6,00 o quilo de matéria seca, dependendo do preço pago ao produtor e do total de sólidos presentes no líquido.

Na primeira metade do século XX, vários estudos mostraram a viabilidade de se reduzir a quantidade de leite utilizada para a criação de bezerras, com adoção de aleitamento artificial, porque o controle da quantidade consumida poderia ser efetivamente realizado, visando reduzir custos de produção. O item criação de novilhas geralmente é o segundo maior componente das planilhas de custo, e por isso os sistemas de desmama precoce passaram a ser usados com grande intensidade.

Pesquisas sobre fisiologia da digestão de bezerros forneceram conhecimento para a formulação de sucedâneos mais econômicos que o leite e também empregados na desmama precoce. A desmama precoce é viável porque os bezerros com leite restrito passam a consumir alimentos concentrados muito cedo, o rúmen se desenvolve precocemente e o animal se transforma em ruminante em duas ou três semanas, sendo então possível eliminar, sem prejuízo para o animal, a dieta líquida, por volta de cinco a seis semanas de vida.

Entretanto, ao longo do tempo, sempre aparecem novas propostas para aumentar a quantidade de leite para bezerras. A recomendação clássica de se fornecer de 8 a 10% do peso vivo como quantidade fixa tem como objetivo estimular o consumo de ração inicial e é mais do que suficiente, mas resultados bons só aparecem quando existem condições para consumo de 7 a 9 litros de água por dia no momento da desmama e o feno oferecido aos animais, para complementação da dieta após a retirada da dieta líquida, for realmente de boa qualidade. Além desses aspectos, fatores estressantes como calor, distúrbios digestivos, infestação de parasitos, etc. devem ser efetivamente controlados, caso contrário, o ritmo de crescimento é alterado.

Com uso restrito de leite, a bezerra não fica bonita, e esse fato pode desagradar tanto técnicos como produtores, mas não prejudica o animal. Se o processo

* Dólar em 01.04.2009 cotado a R$ 2,2891.

for conduzido de acordo com normas técnicas e se o manejo for adequado, não existe a necessidade de aumentar a quantidade de leite para a criação de bezerras saudáveis, de modo que sejam produtivas na idade adulta, a não ser que o objetivo seja contar com bezerras bonitas.

# SEPARAÇÃO DO BEZERRO: UMA PRÁTICA EVOLUÍDA

REVISTA BALDE BRANCO - Nº 552 - OUTUBRO DE 2010

Se existe um conceito difícil de ser discutido e introduzido na fazenda leiteira brasileira, este é o da separação do bezerro após o parto. É o que pode ser comprovado quando o tema é apresentado para produtores, técnicos e até pessoas desvinculadas da atividade rural.

Algumas reações contrárias à proposta são justificadas pelo fato de os rebanhos serem constituídos por matrizes mestiças de Zebu, que não aceitam produzir leite sem a presença do bezerro ao pé, indicando desconhecimento de técnicas de manejo por parte do produtor, que possibilitem a retirada da cria.

Os adeptos do bem estar animal, por outro lado, argumentam que o ato não é natural e provoca sentimento de mal estar e infelicidade na mãe e no filho, atribuindo sentimentos humanos aos bovinos. A realidade encontrada no país é que a grande maioria das propriedades opta mesmo por aleitamento natural, mantendo o bezerro junto à mãe por toda a lactação.

Dados de levantamentos de campo realizados em vários Estados revelam que menos de 9% das propriedades adotam aleitamento artificial, ou seja, o bezerro deixa de mamar na mãe e recebe a dieta líquida em baldes ou mamadeiras, uma prática consagrada em fazendas leiteiras de regiões de pecuária evoluída. Isso possibilita a racionalização da ordenha, economia e também condições mais favoráveis para a criação do bezerro.

O aleitamento natural existe desde que o ser humano domesticou a vaca leiteira. Inscrições em tumbas de faraós egípcios, gravuras indianas de épocas remotas, pinturas europeias da idade média e fotografias antigas mostram bezerros ao pé da vaca para atividades de ordenha. A prática é ainda mantida em larga escala em regiões atrasadas da África, Ásia, América Latina e Oceania, que utilizam sistemas rudimentares de manejo e desconhecem conceitos tecnológicos.

Prevaleceu durante um longo período de tempo também em regiões, hoje, consideradas desenvolvidas, ou seja, até que a produção de leite deixou de ser conduzida como arte e passou a ter como base informações científicas, o que ocorreu a partir da Revolução Industrial e, mais intensamente, nos primórdios do século XX.

Conhecimentos sobre fisiologia da lactação e nutrição de bezerros pré-ruminantes possibilitaram a introdução de aleitamento artificial com desmama precoce. O uso de leite de maneira liberal para a criação do bezerro é desnecessário e seu uso limitado ou a substituição por sucedâneos possibilita economia real, sem prejuízo do bezerro. O leite é um alimento muito caro e pode ser substituído por sucedâneos, volumosos e concentrados mais baratos.

Além da redução significativa no custo da alimentação das crias, a separação do bezerro permite também eliminar o macho do sistema, porque, se vendido na hora da desmama, normalmente não consegue pagar os 400 a 600 litros de leite que consumiu da mãe no período de lactação.

A perda de renda nas fazendas leiteiras brasileiras é considerável, pois num exercício simples de simulação, se estima que de 5 a 6 milhões de machos chamados 'leiteiros' são alimentados com leite por ano, o que representa uma perda de receita para o setor leiteiro equivalente a, no mínimo, 2,5 bilhões de litros de leite no período. O aproveitamento desses animais para a produção de carne, caso fosse viável, deveria ser baseado em aleitamento artificial com sucedâneos e desmama precoce, como ocorre em regiões desenvolvidas.

Os benefícios do aleitamento artificial aparecem também no início da vida, pois pesquisas revelaram que, deixados com as mães, 25% dos recém-nascidos não ingerem colostro nas primeiras 24 horas de vida, fato que prejudica a transferência de resistência para a cria, porque à medida que o tempo passa, ocorre perda de imunoglobulina no colostro (27% em 10 horas) e capacidade de absorção pelo intestino.

Nem sempre a quantidade recomendada de 3 litros de colostro de boa qualidade, nas primeiras 6 horas de vida, ou 7 litros em 24 horas, é observada quando o bezerro permanece com a mãe. Além desses aspectos, se o bezerro consumir sujeira na tentativa de mamar será muito prejudicado pela ingestão de microrganismos patogênicos num momento da vida em que o intestino está 'aberto' para absorção de moléculas protéicas maiores.

Por todos esses fatos, se recomenda, hoje, o fornecimento forçado de colostro logo após o nascimento e a manutenção de um banco de colostro congelado de boa qualidade para garantir a sobrevivência e o bom desenvolvimento inicial do bezerro.

# CENTROS DE RECRIA DE NOVILHAS

## REVISTA BALDE BRANCO - Nº 588 - OUTUBRO DE 2013

Em regiões de pecuária leiteira evoluída existem fazendas especializadas na criação de novilhas, que contribuem para melhorar a eficiência e a rentabilidade da atividade. Nessas propriedades, a infraestrutura é muito pequena porque os animais deixarão o local na época ou após o acasalamento, não havendo, então, a necessidade de instalações para ordenha, mistura de alimento e residência para os trabalhadores que se encarregam do manejo do rebanho produtivo. A exigência de mão de obra também é menor, e todos esses fatos fazem com que os custos de criação de novilhas sejam mais baixos que aqueles obtidos em fazendas que mantêm um rebanho composto por animais produtivos e improdutivos.

Outra vantagem de se contar com unidades específicas para a criação de novilhas é que os trabalhadores se ocupam de uma só atividade, sendo, então, possível um treinamento mais efetivo da mão de obra, que se especializa na obtenção de índices baixos de mortalidade e mais adequados de ganhos de peso. Além desses aspectos, o isolamento dos animais em crescimento possibilita um controle mais eficiente de doenças infectocontagiosas, porque os bovinos adultos são mantidos separados de outras categorias.

Os ganhos auferidos pela estratégia de tirar da fazenda os animais jovens resultam em economia real para a fazenda produtora por reduzir trabalho e também os custos da criação de novilhas a serem utilizadas na reposição ou formação de rebanhos, e por manter na propriedade, somente matrizes para a geração de renda.

A manutenção de animais em crescimento pode promover a desestruturação do rebanho pelo aumento no número de animais improdutivos, e este fato interfere decisivamente na economia do processo produtivo, fazendo com que uma parcela considerável da receita seja destinada ao pagamento de custos operacionais.

É fato bastante conhecido que a criação de novilhas representa o segundo ou terceiro item nas planilhas de custo de produção de leite, e que um número elevado de animais improdutivos não é compatível com resultados econômicos expressivos na difícil tarefa de produzir leite com resultados significativos.

No Brasil, a tradição cultural dificulta o estabelecimento de fazendas especializadas na criação de novilhas. Os produtores preferem manter todos os bezerros nascidos na propriedade por incerteza sobre a capacidade de outras pessoas assumirem a responsabilidade, sobretudo, pela desconfiança com relação à seriedade e honestidade de quem se encarregará da atividade.

Existe também desconhecimento dos possíveis acordos a serem feitos por meio de contratos, especificando as obrigações das partes envolvidas. Se existe interesse na implantação de fazendas de criação, pode-se optar pela venda da bezerra havendo ou não preferência de recompra após o término do período de recria ou pelo pagamento de um valor especificado para a criação. Neste caso, deve ficar combinado como será administrado o prejuízo, no caso de morte. Uma alternativa à fazenda de criação de animais jovens em regiões sem tradição seria o estabelecimento de centros de recria mantidos pelo poder público, cooperativas ou associação de criadores, administrados e conduzidos por técnicos capacitados a comprar as bezerras, orientar a atividade e treinar a mão de obra.

Algumas unidades implantadas no Brasil apresentaram resultados significativos, trazendo benefícios reais à comunidade, inclusive possibilitando a disponibilização de bons animais a preços menores que os usualmente praticados na região. A unidade, liberada para visitação pública, pode ser utilizada como 'sala de aula' para produtores da região que preferirem manter a criação em suas propriedades, por fornecer parâmetros e dados desconhecidos pelos pequenos produtores familiares, que normalmente são carentes de informações técnicas pelo isolamento em que trabalham.

Além dos benefícios mencionados, deve-se considerar que com uma estrutura bem montada, o centro pode oferecer à região em que se estabelece a oportunidade de contribuir decisivamente para o melhoramento genético, desde que crie animais especializados para a produção de leite. Este é um aspecto de grande significância para o meio rural brasileiro, pois normalmente as fazendas trabalham com animais desqualificados e não encontram possibilidade de acompanhar o desempenho de matrizes de melhor qualidade. Outro fato significativo é a disponibilização no comércio local das crias das matrizes oriundas dos centros de recria, com disseminação de genes mais favoráveis à produção leiteira.

Os centros de recria estabelecidos com critérios técnicos e administrativos podem contribuir decisivamente para a melhoria das fazendas produtoras de leite. Os que se encontram em funcionamento deveriam ser mais apoiados, os desativados por razões alheias à concepção técnica precisam ser reativados e, nas regiões mais carentes, projetos deveriam ser propostos para que o meio rural seja beneficiado.